読み出したら止まらない！

文系もハマる数学

横山明日希

青春新書
PLAYBOOKS

はじめに　～数学ってこんなに身近で、おもしろかったんだ！～

「もっと早く知りたかった」

これまで、全国、数千人に数学&算数の講演をしてきて、いつもいわれる言葉です。

この言葉には次のような意味が込められていると思います。

（講演を聞くまで、数学のおもしろさがわからなかった）

（身近なことの役に立たないようで、学ぶ意味がわからなかった）

（学生の頃に嫌いになったけれど、やっと克服できた気がする）

（もっと早く数学好きになっていたら、数学的思考を身につけられていたのに）

これは数学に苦手意識があったからこそ、出てくる言葉だと思います。

本書は、そんな苦手意識のある人でも、ハマる数学の話を収録しました。

数学に対して苦手意識のある人、ない人。その違いはたったひとつ。

それは、「そうだったんだ！」という体験があるか、ないか。それだけです。

成績がいい、計算が早いといったことは関係ありません。

これまで「数学のお兄さん」として、数学のおもしろさを伝える活動をしてきた僕は、子どもから大人まで、数学にハマる瞬間をずっと見てきました。

「ストンと腑に落ちるような納得感」と「わかった！という感動」、その体験があると、誰もが数学に没頭し、熱中するようになり、その魅力がわかるようになります。

本書は、そんな体験ができるように、僕がこれまで出会ってきた数学の話の中でもおもしろいものを凝縮しました。

○1ℓの牛乳パックを測ると950㎖だった!?

○ネズミが毎月7倍増えると、1年で数百億匹を超える!?

○「感染が99％正しくわかる検査」で、大規模検査すると何が起こるか

○10人付き合うとしたら、結婚相手は4人目以降を選ぶのがベスト？
○3人以上になると、とたんに会話が苦手になる理由

……など、話題の話から、あまり知られていない話まで幅広く紹介しています。

また、本書は、どこから読んでも楽しめるつくりになっています。

目次で気になる話から読んでみてください。

本書を通じて、少しでも多く「数学にハマる」体験をしてもらえると、数学のお兄さんとしてこれほど嬉しいことはありません。

2020年8月

数学のお兄さん　横山明日希

はじめに　～数学ってこんなに身近で、おもしろかったんだ！～ …… 3

第１章

身近な不思議を解き明かす数学

ロボット掃除機の「丸」と「三角形」どっちがおすすめ？ …… 12
マンホールが円の理由は「落ちないため」だけじゃない!? …… 18
１ℓの牛乳パックを測ると９５０mℓだった!? …… 22
コピーの拡大・縮小の、あの半端な数字の謎を解く …… 26
新幹線が２人席と３人席になっている数学的理由とは？ …… 30
パラボラアンテナの形は、二次関数？ …… 33
東京スカイツリーは、三角形がしきつめられてできていた？ …… 40

第II章

世の中の裏が見えてくる数学

1年366日なのに、1クラス30人でほぼ1組は同じ誕生日？ …… 46
クレジットカードの16ケタの番号は、セキュリティだけが目的ではない？ …… 52
視力に1.1がない理由は、視力検査の「C」に隠されていた？ …… 57
感染症の拡大防止策「三密回避」「8割の行動制限」の真相 …… 64
「感染が99％正しくわかる検査」で、大規模検査すると何が起こるか …… 71
プレゼン資料、ニュースに使われるグラフの印象操作を見抜く …… 74
7回折って1㎝になる新聞紙、何回折ると富士山を超える？ …… 78
ネズミが毎月7倍増えると、1年で数百億匹を超える!? …… 84
店員にお金を渡すと「お預かりします」と言われる、実は深い理由 …… 87

第Ⅲ章

知っているだけで得する数学

1等宝くじが当たる確率は、数万年に1回だった⁉ …… 94
見るだけで解ける、3ケタ×3ケタの計算法 …… 99
「13日の金曜日」が暗算でわかる方法 …… 102
5143、289……、ケタの多い数が「何で割り切れるか」一瞬で見抜く方法 …… 105
誰もが使ったことがある街中の"あれ"は、1mで統一されていた？ …… 108

第Ⅳ章

コミュニケーションに使える数学

モテる人がやっている「恋愛ロードマップ」を素因数分解 …… 112
モテる人のモテる理由がわかる「恋愛要素」を因数分解 …… 118

できる大人が無意識にやっている「仕事の超効率化」を因数分解 …… 123
10人付き合うとしたら、結婚相手は4人目以降を選ぶのがベスト？ …… 128
「人間関係の距離の縮め方」を和集合でひもとく …… 131
3人以上になると、とたんに会話が苦手になる理由 …… 135

第V章

思わず試したくなる数学

丸いケーキをきれいに3等分する方法 …… 140
正方形のケーキをきれいに3等分する方法 …… 142
これでもうケンカしない⁉　羊羹の切り分けを「感情的に納得する」方法 …… 146
子どもは解けるのに、大人は解けない数学クイズ …… 150
古代ギリシアの数学者を悩ませた作図問題が、折り紙で解けた？ …… 155
宇宙まで飛んだ日本の折り紙 …… 159

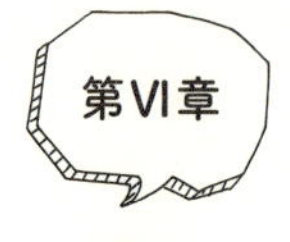

考え出すとハマる数学

13年と17年周期で大量発生するセミの数学的な生存戦略 …… 164
複雑そうに見えて、実は超効率的なハチの巣 …… 168
引き込まれる美しい形「フラクタル」がスーパーで売られていた？ …… 171
Ⅳ、Ⅻ、Ⅷ……、パッとわかりにくいローマ数字が生まれたワケ …… 175
「何もない」を表した「0」が、思った以上に大発明だった …… 179
「0・333……」を3倍すると「0・999……」ではなく、1になる？ …… 183
おわりに　～数学にハマると人生が変わる～ …… 185

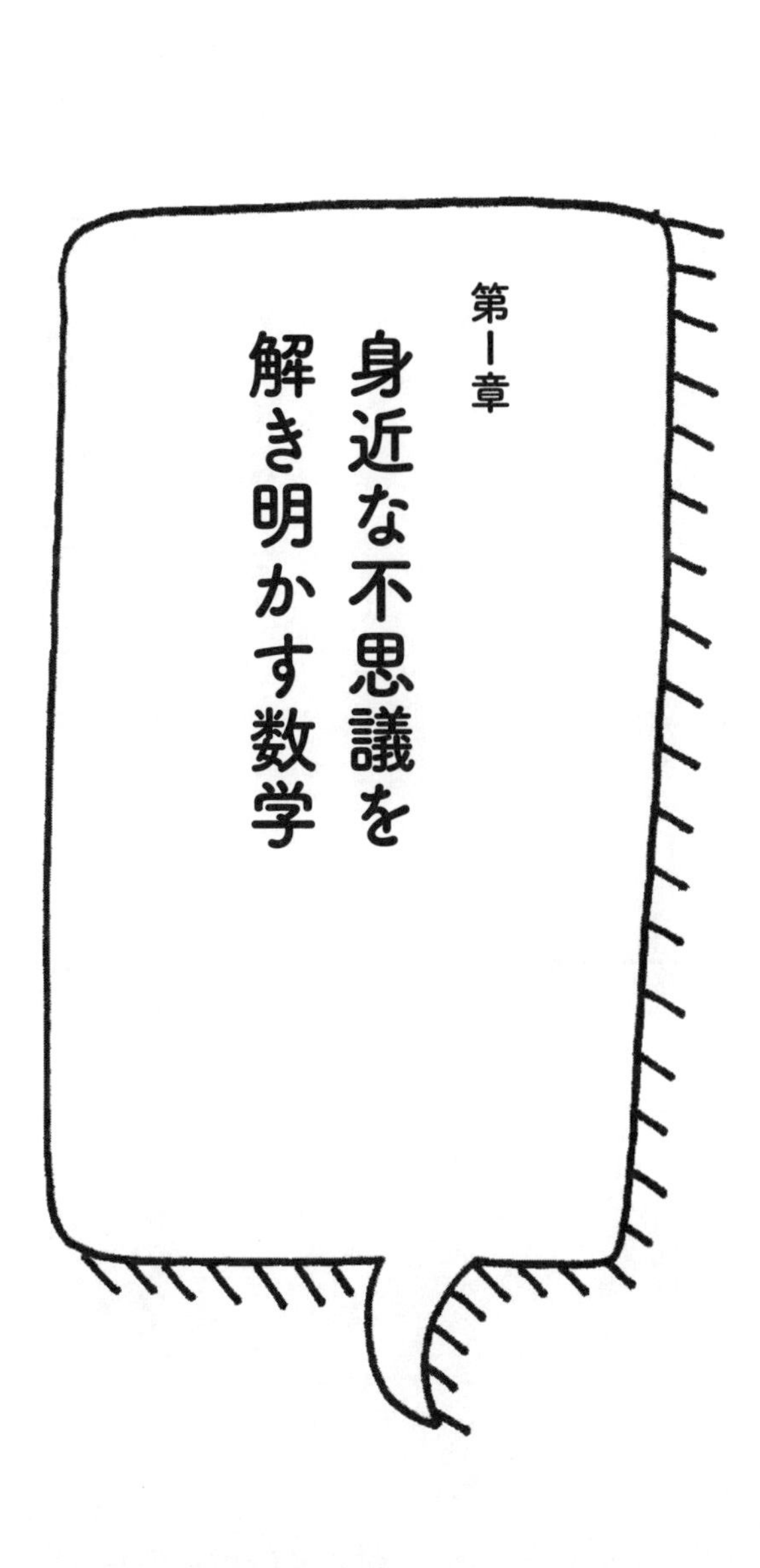

第1章 身近な不思議を解き明かす数学

三角形なのに円と同じ性質を持つ!?

ロボット掃除機の「丸」と「三角形」どっちがおすすめ?

▼三角形のロボット掃除機がある?

かつて「未来」の代名詞だった21世紀も、すでに20年の歳月が経ちました。自分の日常を見渡して、21世紀になって大きく変化したと感じるものは何ですか?

進化したと感じるものとしてはロボットの普及があります。2000年に発表された人型ロボット「ASIMO」(ホンダ)の、その自然な動きは多くの人の感動を呼び、ロボットが日常生活のパートナーになるのは遠くない未来だと予感させてくれました。しかし、そうした未来は意外に早く、違った姿でやってきました。それが「ロボット掃除機」です。

2000年代、欧米のメーカーが開発したロボット掃除機が次々と日本に上陸。今では、「令和の家電 三種の神器」として、「4K/8Kテレビ」「冷蔵庫」「ロボット掃除機」が上位にあげられています(パナソニック調べ)。登場以来人気の高い米国製「ルンバ」(アイロボット)にロボット掃除機の「ルーロ（RULO）」

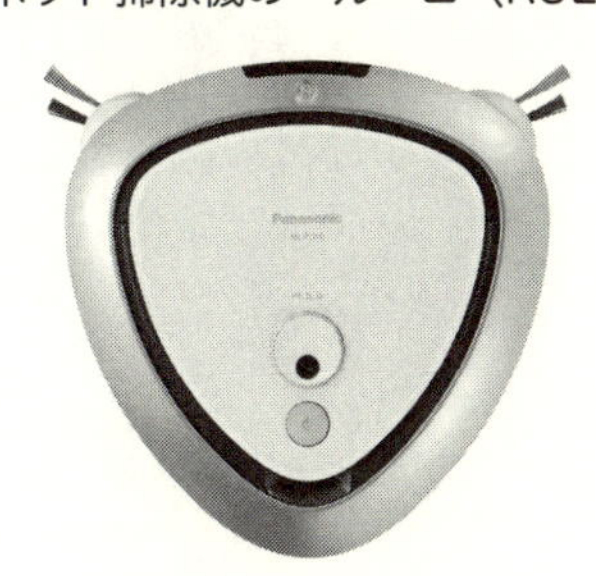

画像提供、パナソニック株式会社

よって、「ロボット掃除機＝円形」というイメージがありますが、各メーカーの開発が進み、現在はさまざまな形状の製品が登場しています。

中でも僕が注目しているのが、２０１５年に登場した日本製の「ルーロ（ＲＵＬＯ）」（パナソニック）です。この「ルーロ」という商品名と丸みをもった三角形のフォルムが、数学者の目を釘付けにしました。

ルーローとは、数学由来の名称で、この丸みをもった三角形を**「ルーローの三角形」**といいます。ルーローの三角形は図１のように描きます。

▼ルーローの三角形は、何がすごい？

ルーローの三角形は円と似た特徴をもっています。より詳しく見てみましょう。

円の特徴に**「どの方向から測っても幅が同じ」**という性質があります。こうした図形を数学では**「定幅図形」**と呼びます。実はルーローの三角形もその性質をもつ図形のひとつなのです。つまり、円と同じように**「回転させても同じ高さを維持する」**ことができます。

円は、正方形にギリギリ収めても回転させることができますが、他の図形はどうでしょうか。例えば、正方形や三角形は、向きによって高くなったり、低くなったりと、高さが変わります。そのため、正方形や三角形を正方形にギリギリに収めると回転させることができません。ルーローの三角形は定幅図形なので、回転させることができます（図2）。

ちなみに、定幅図形は、ルーローの三角形以外にも「ルーローの五角形」「ルーローの七角形」など「ルーローの多角形」があります。英国で使われている硬貨にはこのルーローの七角形が使われています（図3）。

さて、今度は円とルーローの三角形の違いを見てみましょう。それぞれを正方形の中で回転させたときの正方形とのすき間に注目します（図4）。円の場合、回転しても正方形とのすき間は一定のまま、変化はありません。一方、ルーローの三角形はすき間をわずかに削っていきます。

図１　ルーローの三角形の描き方

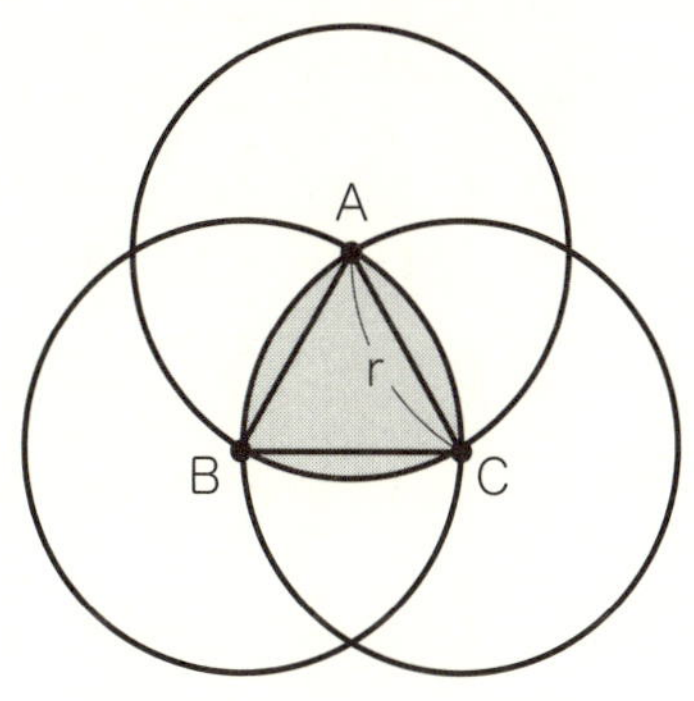

①１辺の長さがｒの正三角形ＡＢＣを書く
②各頂点ＡＢＣを中心とする半径ｒの３つの円を書く
③各頂点を結ぶ円の外周で閉じられた領域が「ルーローの三角形」

図２　正方形にギリギリ収めた図形

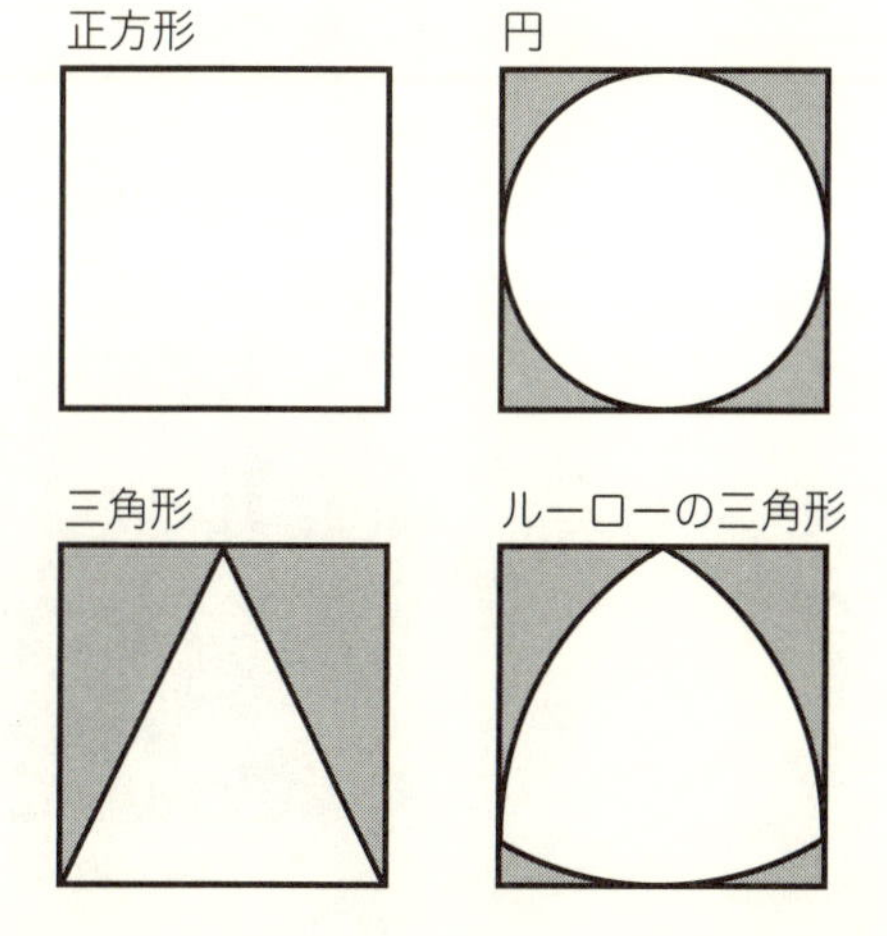

この正方形のすき間を部屋の隅と考えてみましょう。円形よりもルーローの三角形の形のロボット掃除機の方が、部屋の角とのすき間にアプローチできるのです。定幅図形のルーローの三角形の性質を上手にロボット掃除機の機能に活かしていることがわかります。

ものづくりにおいて数学は欠かせない要素です。今後は、さらにアイデアやデザイン、機能などにもこうした数学的発想が活用されていくことでしょう。数学に興味を持つことは、身近な生活の中にある「不思議」を解き明かし、「便利さの理由」を理解することにも役立つのです。

部屋の隅にアプローチする「ルーロ」

画像提供、パナソニック株式会社

図３　英国の20ペンス硬貨と50ペンス硬貨

ルーローの七角形で、転がることができるため、自動販売機にも使用できる

図４　回転する円とルーローの三角形

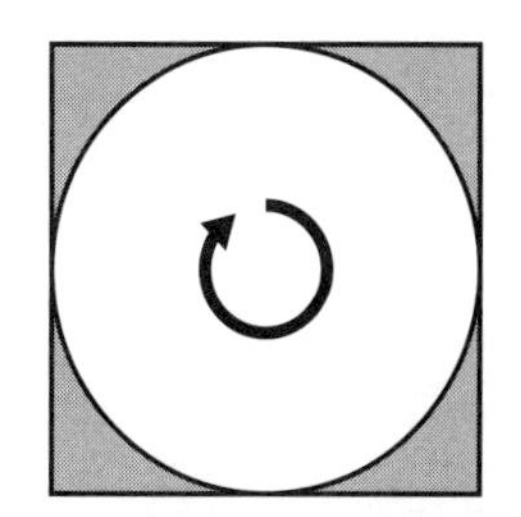

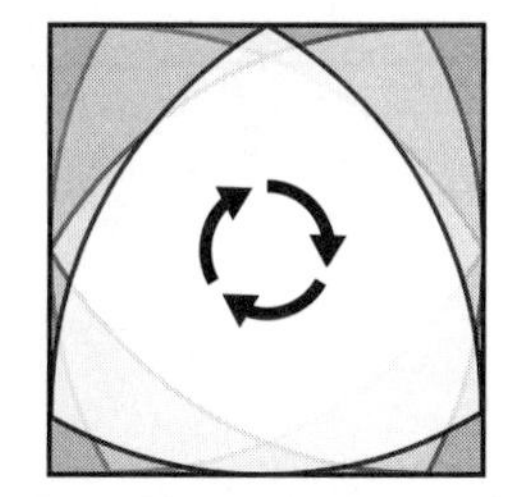

円とルーローの三角形は、正方形に収めても回転することができる。また、ルーローの三角形は、正方形の隅まで届く

やっぱりすごい！「円の性質」

マンホールが円の理由は「落ちないため」だけじゃない⁉

▼なぜ、マンホールのフタは丸い？

前項で円とルーローの三角形は「定幅図形」であると説明しました。実は、円の定幅図形としての性質は、生活のさまざまな場面で活用されています。

例えばマンホールのフタ。これがなぜ丸いのか考えたことがありますか？　マンホールのフタの形には「どの方向から測っても幅が同じ」という定幅図形の性質が最適なのです。

地面の丸い穴に対し、フタをどの向きにしてもはめ込むことができます。さらに、向きによらないため、誤って穴にフタを落としてしまう危険もなくなります。他の形だと、向きによって幅が変わるためフタが穴に落ちてしまいます（図1）。ルーローの多角形なども向きを変えても落ちませんが、加工に手間が伴います。加工がしやすく、安全性が高いという点でマンホールのフタは円形が最適なのです。

街中にあるマンホール

マンホールのフタは、落ちないように円でできていた

図１　向きによって幅が変わる図形

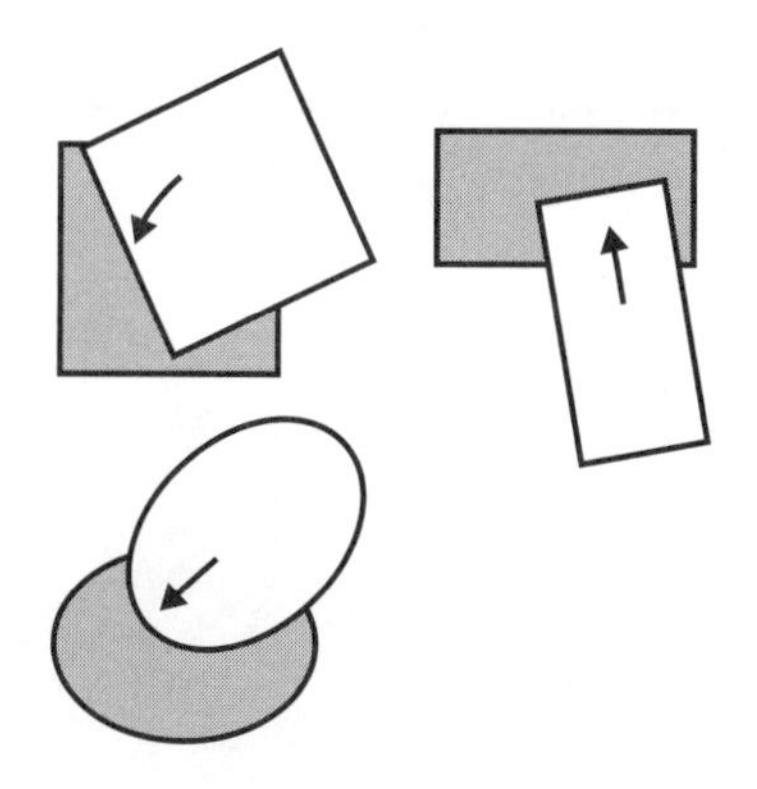

▼マンホールのフタが丸いと便利な理由

また、マンホールのフタは、鉄製で頑丈にできていますが、約40kgで、とても重いものです。しかし円なら「転がす」ことができます。フタを製造するときも、設置作業するときもこの円の性質（転がせる＝移動がしやすい）は大きな利点です。

定幅図形は同じ正方形の中で回転が可能だと説明しましたが、表現を変えると、「同じ高さを維持して回転して移動できる」ということができます。ルーローの三角形も同じですが、円との違いもあります。それは、回転時の重心の位置です。

円の場合は常に重心は中心にありますが（図2）、ルーローの三角形は、重心が波のような軌跡を描きます（図3）。

車輪に使った場合、ルーローの三角形では重心が上下に動くため、転がしたときにはガタガタ。その車輪を使って何かを移動させた場合、不安定になってしまいます。

自転車、自動車、鉄道車両まで、幅広い「物を移動させる手段」として円が活用されているのは、回転時に重心が移動しないという数学的な「便利さの理由」があるのです。

図２　円の重心の移動

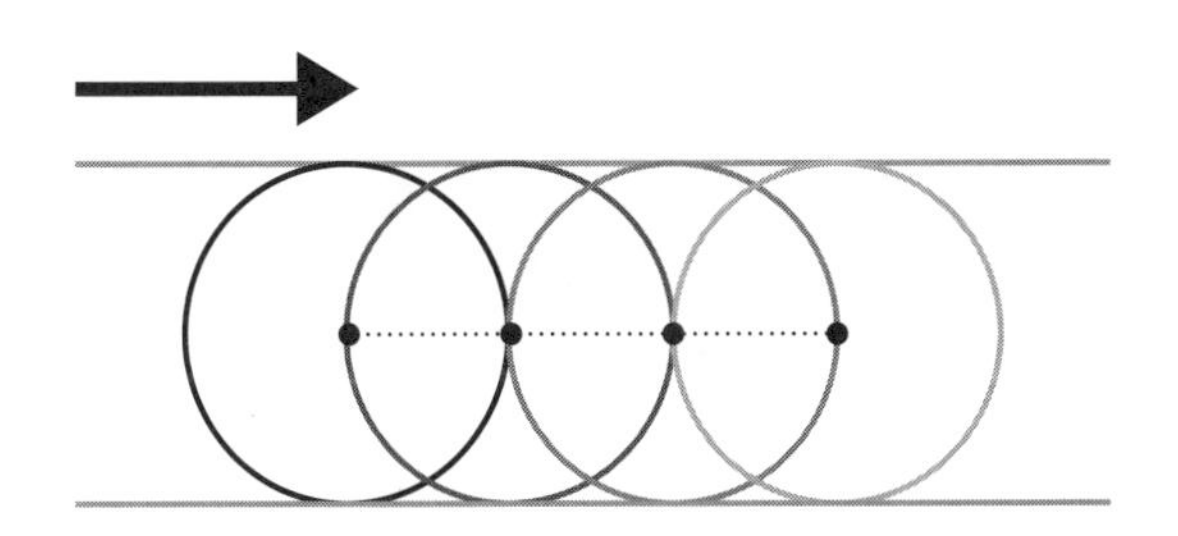

図３　ルーローの三角形の重心の移動

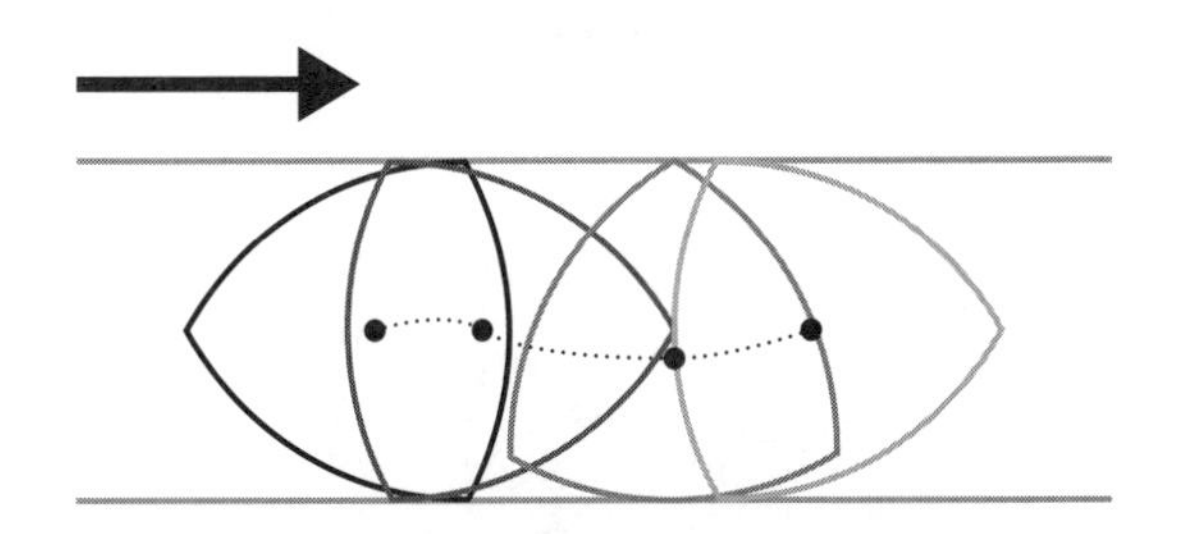

「単位」と膨らみ計算

1ℓの牛乳パックを測ると950㎖だった!?

▼ビールの量はどれくらい？

居酒屋で席に着くなり、「とりあえずビール。中生で！」といったやり取りは、メニューも見ずに交わされることも多いはず。この「中」サイズに対して、「何㎖なのか」と僕は聞くたびにモヤモヤしてしまいます。中サイズに明確な基準はないのでしょうか？

「ビールの中生問題」はインターネット上でも話題になることがあり、実際に居酒屋で注文して計量した人もいました。報告を見ると、泡の量にも違いがあり結果はさまざま。なかには「小生」の方が「中生」より多かったという衝撃の結果もありました。

その点、缶ビールであれば、工場で充填されるので容量はどれも同じで正確です。しかし、缶ビールの容量には、新たな疑問が生じます。５００㎖缶の数字はキリがいいのに、小さい缶は、なぜ、３５０㎖なのでしょうか？

これは、米国製の製缶機が輸入され、その機械であつかえる缶を容器にしたためだったのです。米国の缶のサイズは、16オンス（≒473・18㎖）と12オンス（≒354・88㎖）だったため、日本の㎖表記の近似値で、キリの良い容量が選ばれたといわれています。

他にも米国事情の容量が日本に根づいている例として、沖縄の牛乳パックがあります。地元メーカーの大きな紙パックの牛乳は「946㎖」と表示されているのです。なぜ、こんなに半端な量なのでしょうか？　これは米国では液体の容量に**「ガロン」（1ガロン≒3・79ℓ）**の単位が用いられていたことが影響しています。

沖縄では、1ℓの近似値として4分の1ガロンを採用。つまり0・946ℓから946㎖となり、それが現在も続いているというわけです。なるほど。……いえ、ここで納得して終わらず、さらなるモヤモヤが生じました。

▼牛乳パックのサイズと容量の不思議

はたして、国内で1ℓと表記されている牛乳パックの中身は、本当に1ℓなのでしょうか？

そこで牛乳パックの底辺と高さを測ってみます。すると、3辺は約70×70×194（㎜）。計算すると950・6㎤です。1000㎤＝1ℓですが、おや？　商品には1ℓと表示されているのに約50㎖も足りません。

これには、実は、「紙パック」の特性が隠れていたのです。紙パックに牛乳を入れると、その重さで四方に膨らみます。断面をイメージすると正方形から円形に近づきます。ただし、紙が伸びるわけではないので断面の周りの長さは同じです。

実際に数字で表して考えてみましょう。図のように、正方形・正三角形・円の周囲の長さを12π㎝として、そこからそれぞれの面積を比較します。すると、周囲の長さは同じなのに面積の大きさが異なることがわかります。

周りの長さが同じ図形では、円の面積が一番大きくなります。そのため立方体では950㎖でも、牛乳を充填して丸みをおびた容器では、1ℓの容量とすることができるのです。

日頃、意識せずに使っている、「手頃」「ちょうどいい」物にも、時には「おや？」と思うことで意外な事実や数学的理解と出会えます。そういう意味では、僕にとって「モヤモヤ」は、決して悪いものではないのです。

図　周囲の長さが 12π cm のときの面積の大きさ

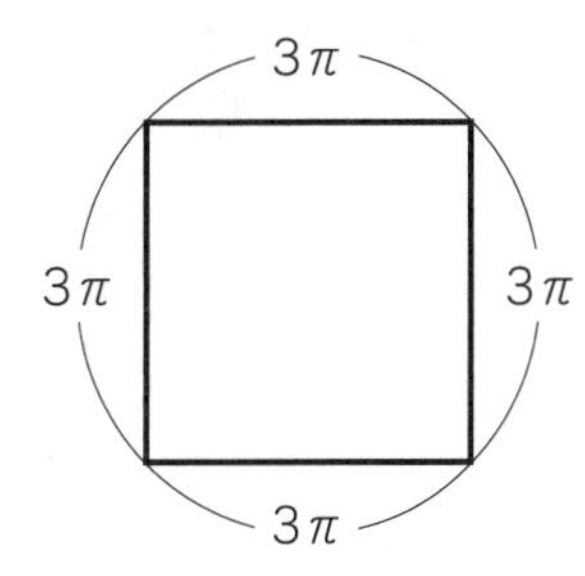

正方形の面積

$3\pi \times 3\pi$
$= 9\pi^2$
$\fallingdotseq 88.8$（㎠）

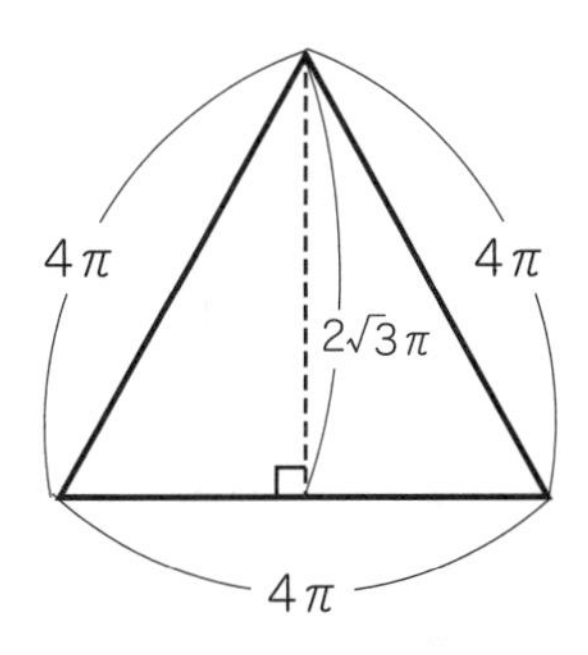

正三角形の面積

$4\pi \times 2\sqrt{3}\pi \times \frac{1}{2}$
$= 4\sqrt{3}\pi^2$
$\fallingdotseq 68.4$（㎠）

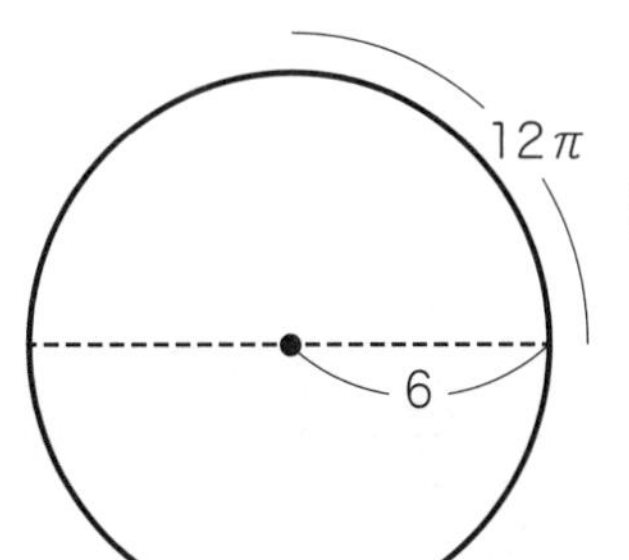

円の面積

$6 \times 6 \times \pi$
$= 36\pi$
$\fallingdotseq 113.1$（㎠）

折っても広げてもずっと同じ「白銀比」

コピーの拡大・縮小の、あの半端な数字の謎を解く

▼A判を半分に折ったときのサイズは?

紙のサイズにはA判とB判があります。それぞれ**「A0判」(841×1189㎜)「B0判」(1030×1456㎜)を「全紙」**といい、それを半分のサイズにするほど、判の数字が1つずつ増えていきます。身近なサイズを見てみましょう。「A3」サイズのコピー用紙があれば、実際に手にして確認してください。

A3を半分に折ると、面積が半分になります。形(長辺と短辺の長さの比)は変わらず、A4のサイズになります(図1)。これは、実は不思議なことです。例えば、正方形を半分に折ると現れるのは長方形で、形は変わってしまいます。

これは、A判はサイズが変わっても、短辺と長辺の比率が同じままの「相似」だったのです。B判も同じです(図2)。A判とB判のサイズには、このような不思議な比率が隠されていたの

図１　折ってもサイズの比率は１：$\sqrt{2}$

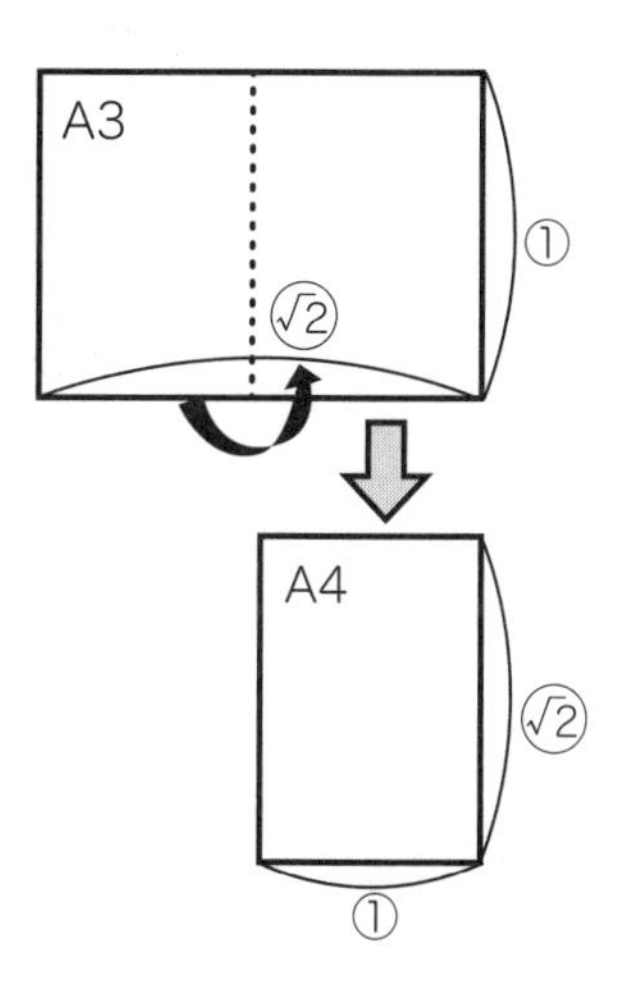

図２　白銀比のＡ判とＢ判

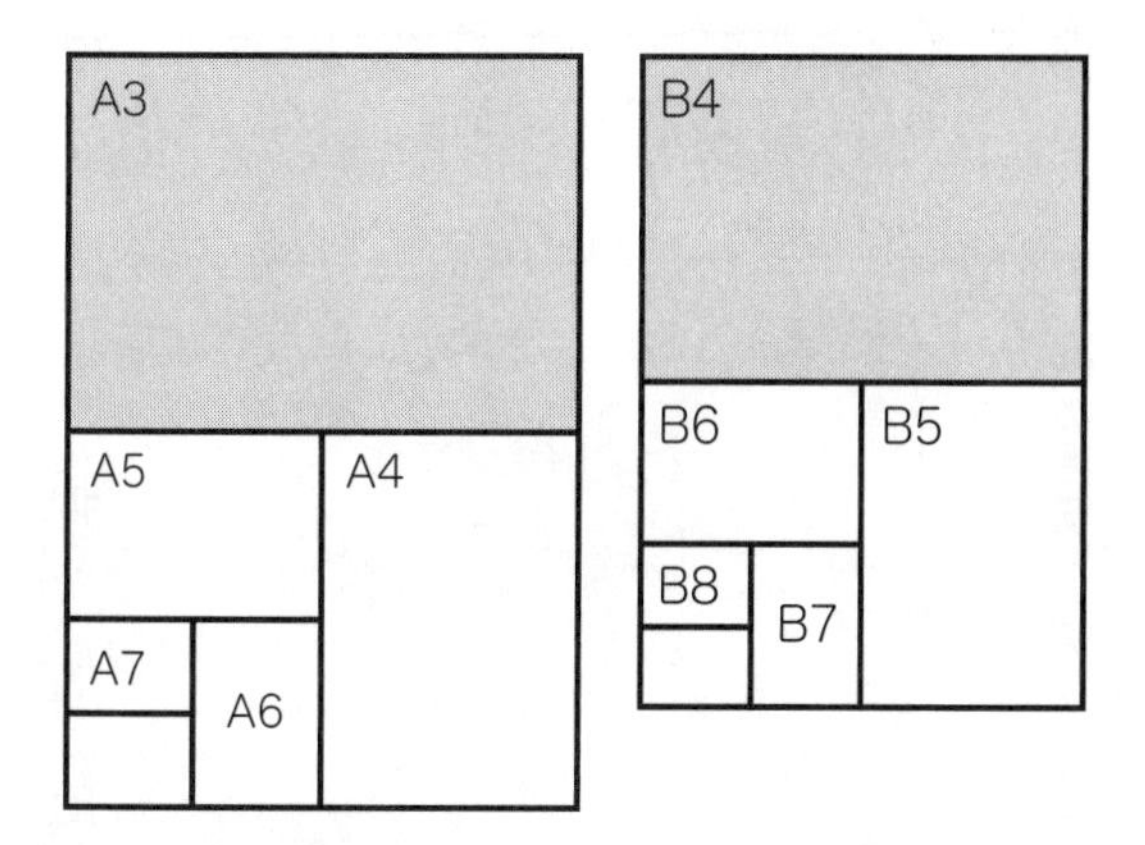

です。これは**「白銀比」と呼ばれ、長短の辺の比率が1対$\sqrt{2}$**になっています。別名**「ルート長方形」**とも呼ばれています。

▼B判は、日本の伝統から生まれた？

なぜ、こうした**「半分に折り続けてもずっと変わらない比率」**が、紙のサイズに採用されたのでしょうか。それは「全紙」サイズの紙が工業的に大量生産できるようになり、紙の規格化が行われたためです。大小の必要に応じたサイズの紙を作る時に、全紙を分割して作ることができ、かつあまりが出ないようにするためです。

もちろん、工業化以前から用紙は作られていました。それらには長い年月でたどり着いたサイズ感や美的な比率があったと考えられます。

B判は、日本の文化的伝統を背景に生まれたサイズです。奈良時代からの伝統を持つ手透きで生産されていた**「美濃和紙」の近似値で白銀比をとったものがB0判**となったといわれています。

日本では、洋書と和書に対応したA判とB判の紙が誕生したため、B判の決定には比率だけでなく、A判との関係も考慮されました。その結果、**B判の面積はA判の1.5倍の面積**としたのです。

A0の用紙の面積は約1㎡、B0の用紙の面積は約1.5㎡です。同様に、B4の面積はA4の面積の1.5倍です。

オフィスやコンビニのコピー機を使って拡大・縮小するときを思い出してください。同じ版で1サイズ拡大するとき、例えばA4→A3の拡大は、$\sqrt{2}$倍になります。つまり、近似値で1・41倍となります。コピー機にある「A4→A3」「B5→B4」の「141%」はこのことで、私たちは日常的に白銀比に触れていたのです。逆に縮小であれば「$\sqrt{2}$の半分をかける」、つまり約0・71倍。コピー機の表示は「71%」です。

A判からB判への拡大・縮小には、面積の比率1.5倍を使います。例えば「A4→B4」「A5→B5」なら$\sqrt{1.5}$倍します。$\sqrt{1.5}$は、約1・22なので、コピー機の表示は「122%」です。

コピー機はそうしたルートの計算をもとにしっかりA判とB判の拡大・縮小をしてくれていたのです。※メーカーの規格によって、拡大・縮小の比率に若干の違いがあります。

「組み合わせ」がわかれば思わぬ親切が見えてくる

新幹線が2人席と3人席になっている数学的理由とは？

新幹線の指定席をＷｅｂサイトで予約する時に悩むことはありませんか？　僕も悩みはじめて深く考え込んでしまったことがあります。「どこの座席にするべきか」ではありません。なぜ「新幹線の座席は、２列と3列なのだろう？」と。

そこで頭に浮かんだ言葉が「旅は道連れ」です。１人であれば、空いている席すべてが選択肢で、選ぶ条件は個人的な好みです。混んでいる時間なら、座れればどこでもＯＫと考えるかもしれません。

しかし、２人以上ならどうでしょうか？　「離れて座りたくない」もあれば、「無関係な人が割り込んで欲しくない」も悩む条件になりそうです。この悩みを解決してくれる仕組みが、実は、「２人席、３人席」の座席配列に隠されていたのです。

これは数式を使えば解き明かすことができますが、ここではわかりやすく**「条件の列挙」**で考

図1　2列・3列の場合

	(○○	○○○)
2人	(●●	○○○)
3人	(○○	●●●)
4人	(●●	○○○)
	(●●	○○○)
5人	(●●	●●●)
6人	(○○	●●●)
	(○○	●●●)

図2　2列・4列の場合

	(○○	○○○○)
2人	(●●	○○○○)
3人	(○○	○●●●)
4人	(●●	○○○○)
	(●●	○○○○)
5人	(○●	●●●●)
6人	(●●	●●●●)

図3　3列・3列の場合

2人（●●○　○○○）

3人（●●●　○○○）

4人（●●○　○○○）
　　（●●○　○○○）

5人（●●●　○○○）
　　（●●○　○○○）

6人（●●●　●●●）

えてみましょう。新幹線の座席の配列によって、「何人ずつ座れるか」を検証してみます（図1〜3）。

　こうして見ると、2列・3列では、「さまざまな人数の組み合わせでも近くに座席を確保できる」ことがわかります。

　この2列・3列の座席の組み合わせによって「旅の道連れ」を最適化できる座席選択が可能になり、「新幹線の旅」が、良い思い出を作りやすい環境を作っていたのです。

よ〜く見るほど味が出る「二次関数」

パラボラアンテナの形は、二次関数？

▼二次関数のグラフは「放物線」というけれど……

身近なもので数学的要素を確認できる例を紹介します。

高校の数学では、二次関数を学びましたが、どういうものか説明できますか？例えば下のような式で表されるのが二次関数です。「xの何乗」という言葉が出てきたあたりから、ややこしくて「数学は苦手」と感じ始めた人も多いのではないでしょうか。

下の式1と2をグラフにしたものが図1で、このグラフを**「放物線」**といいます。放物線ならどういうものか説明できそうですね。文字通り、「物を放った線」です。ボールを山なりに投げた時の軌跡をイメージし、左右対称の形を描きます。

しかし、図1のグラフは高い所から下ってまた上がります。「物を放った線」と

式１　$y = x^2$

式２　$y = \frac{1}{4}x^2$

するには、日常感覚からズレていて、言葉の意味をちゃんとイメージして考えるとかえって悩みますね。

下の式3と4のような二次関数ならイメージ通りの放物線を描きます（図2）。こちらから学べば、**二次関数は「放物線を描く」と説明でき、「左右対称のグラフ」**とその性質までスムーズに理解できたかもしれません。もっとも、その場合は「マイナスの式」から学ぶことに抵抗を感じたことでしょう。

今、この短い振り返りを読んでスッと理解できたことは大切なポイントです。数学は、数字や数式だけを操るものではありません。「意味を理解する」「言葉で説明する」ことがとても大切なのです。もしかしたら、学生の頃など、初めて学んだ時に苦手に感じたのは、数学そのものの理解不足ではなく、「言葉を操る経験」や「人生経験」「イメージ力」不足だったのかもしれません。大人になってから数学に興味を持つ人が多いのは、それらの成長の影響が大きいのではないかと僕は考えています。

式3　$y=-x^2$

式4　$y=-\frac{1}{4}x^2$

図１　二次関数の正のグラフ

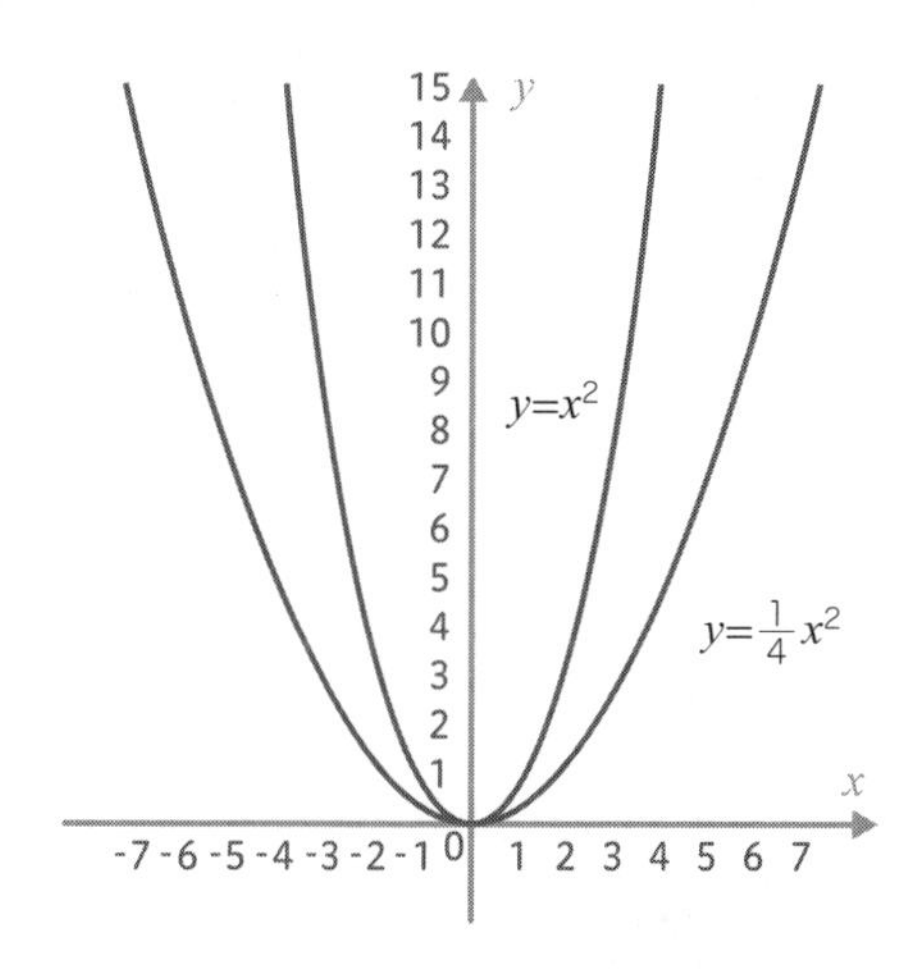

図２　二次関数の負のグラフ

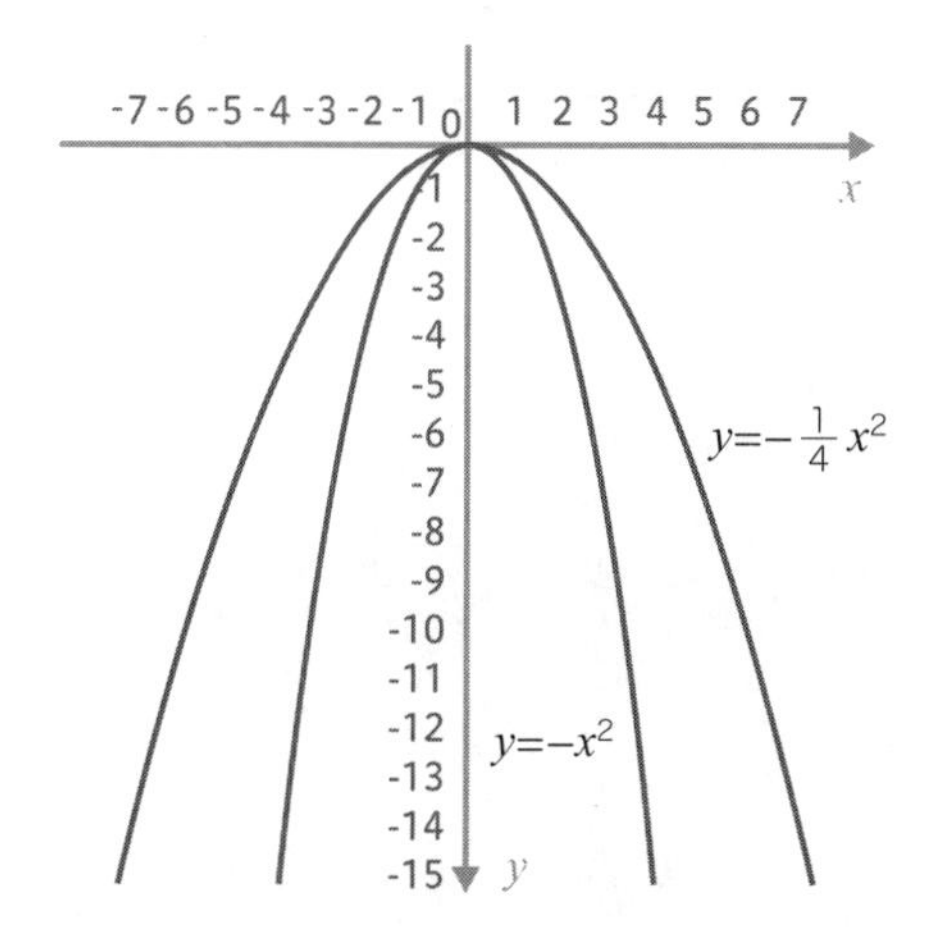

▼実は、誰もが二次関数のグラフそのものの形を見ている？

さて、話を戻します。日常生活の中でも、二次関数のグラフを目にすることができます。それはパラボラアンテナです。

図3は、パラボラアンテナが電波を集める仕組みをイメージ化したものです。平行に飛んできた電波は、椀状の内側にぶつかると曲面に応じた角度で跳ね返り、ある1点に集まります。これを「焦点（しょうてん）」と呼びます。この焦点に電波を集めて受信するのがパラボラアンテナの仕組みだったのです。

アンテナの直径を大きくすれば、より多くの電波を集めることができます。天体を観測する電波望遠鏡のように、遠くから届くわずかな電波を受信したい場合は、直径はさらに巨大です。世界最大は中国の通称「天眼」で、2020年から正式に稼働しました。その直径は500ｍもあります。

さて、パラボラアンテナの放物線は、どんな二次関数の式で表すことができるのでしょうか？

街中にあるパラボラアンテナ

図３　パラボラアンテナの仕組み

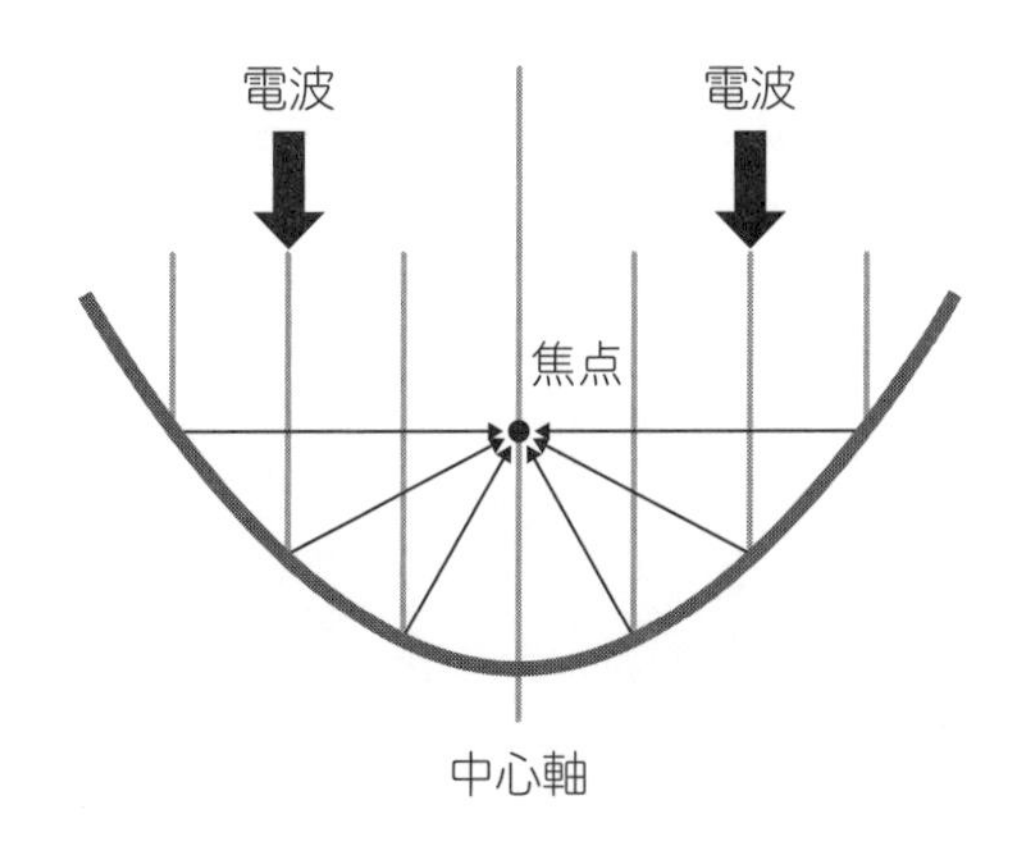

図1のように、二次関数のグラフには、U字のような形や浅い皿のような形もあり、それぞれ式は異なります。しかし、さまざまな形に見える二次関数のグラフですが、「形」そのものは、実は、同じだったのです。

「どう見ても同じ形ではない」と納得しないかもしれません。しかし、放物線には**「放物線はすべて相似である」**というもう1つの性質があります。**「相似」**とは教科書のように書けば**「一つの図形を均等に拡大または縮小して他の図形と完全に重ね合わせられるとき、もとの図形とあとの図形を相似という」**です。

つまり、二次関数のグラフは、大きさの比率を変えただけで「同じ形」だったのです。放物線の中央部分を拡大するともう一方の放物線と同じ。2つのグラフは「相似」なのです（図4）。

二次関数という言葉と数学への苦手意識だけが残っていた人も、その印象が変わったのではないでしょうか。数学への興味関心を持つ入口は、いつも身近な場所にあるのです。

図4　二次関数のグラフは相似だった

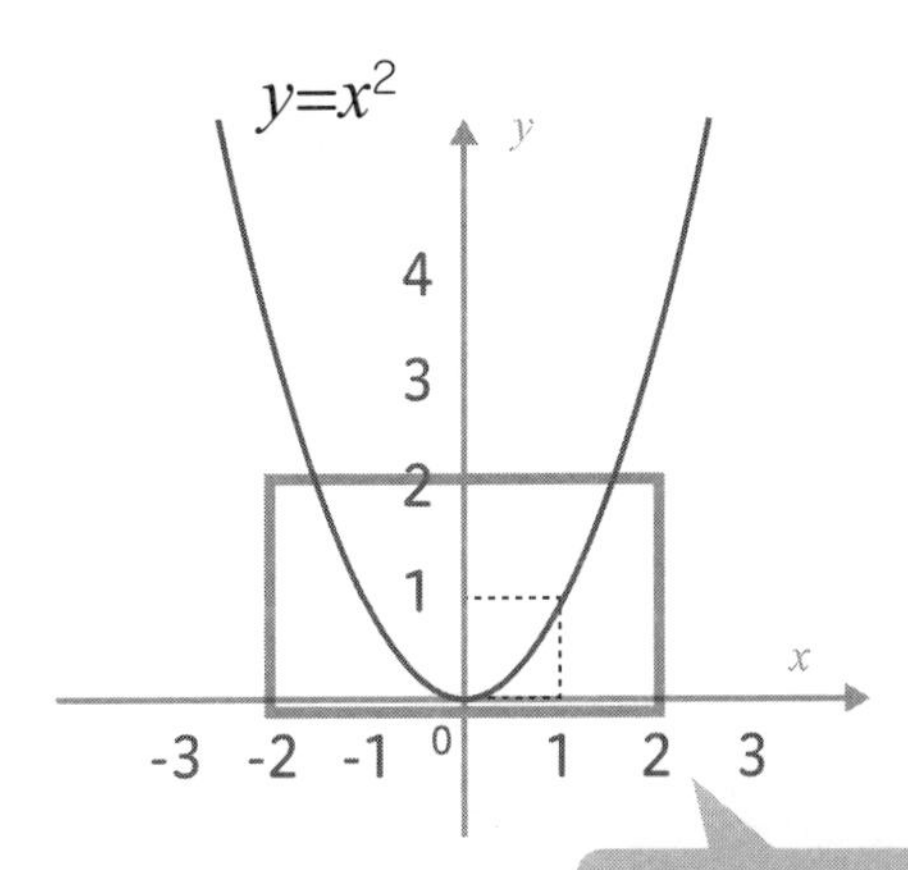

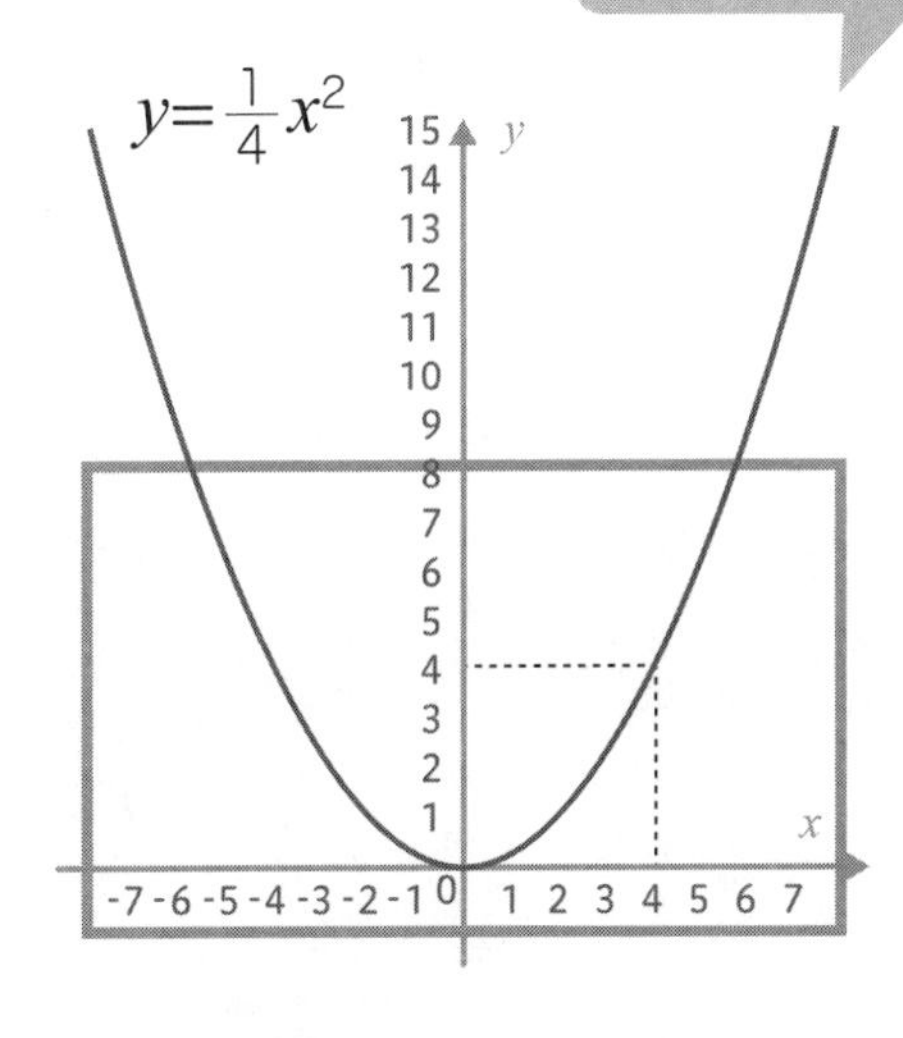

三角形の強みは「合同条件」で引き出せる！

東京スカイツリーは、三角形がしきつめられてできていた？

▼四角形は、どんなイメージ？

丸、三角、四角……。こうした図形は、子どもでも描けます。描けるということは、それぞれの図形の数学的性質をなんとなく理解しているともいえます。

「いや、丸は苦手」「コンパスがないと描けない」と図形が苦手な人は、むしろ図形の性質を数学的に理解しているのかもしれません。

さて、そうした無意識の理解とは別に、図形に対する心理的なイメージは小さな頃から持つものです。例えば四角にはどんなイメージがありますか？　かたい、頑丈……。子どもに家の絵を描かせれば四角を基本にすることが多いでしょう。でも、本当に四角は「頑丈」なのでしょうか？

実際に四角形を作って確かめてみましょう。そこで、図1のように4本の同じ長さのストローを使い四角形を作ってみました。

図1　四角形は力を加えると形を変えやすい

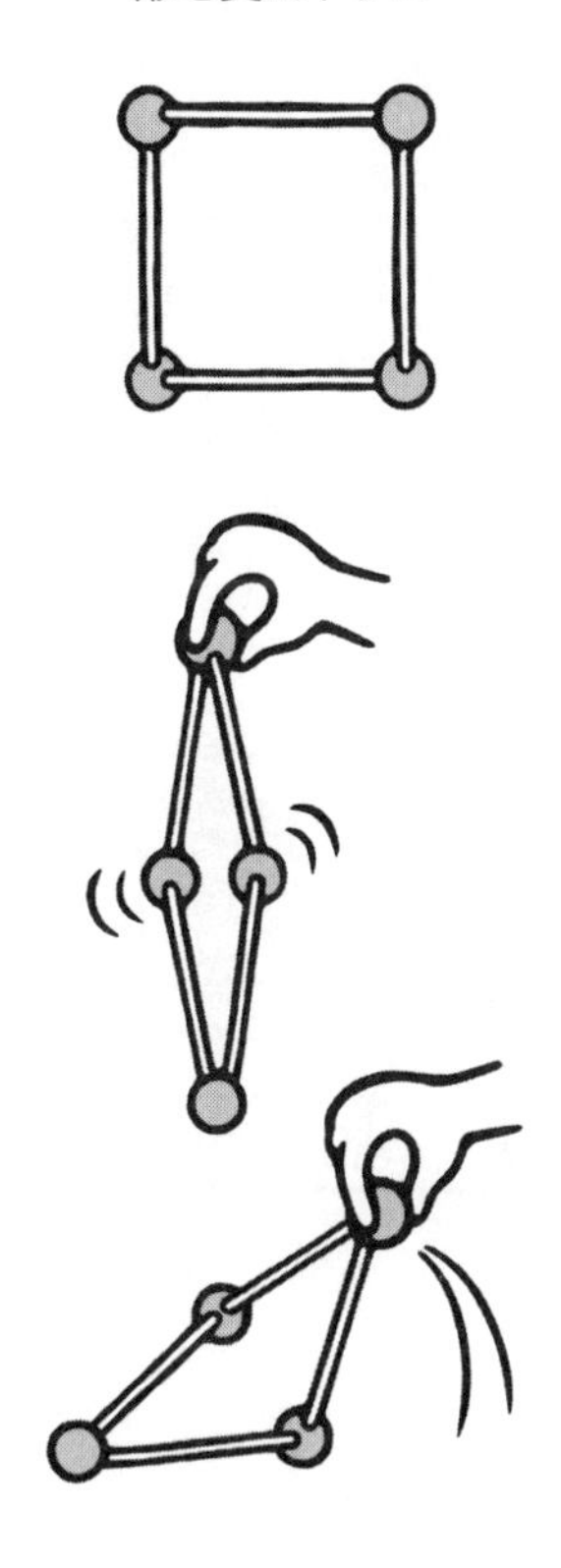

この四角形の四隅のどこかに力を加えるとひしゃげてしまいます。さらに4つの角の1つをつまみ、持ち上げてみましょう。するとぐにゃりとした形になってしまうのです。

つまり、４つの辺からなる四角形は、イメージするほど頑丈、安定した形ではないのです。

僕は、このことを体感的に気づいてもらうために、数学教室で子どもたちに「丈夫な家を作ってみて」と、磁石の棒と鉄のジョイントを渡してみました。

ぐにゃぐにゃする四角形に悪戦苦闘を重ねるうちに、子どもたちは「丈夫な図形」の存在に気づきます。それは三角形です。

子どもたちはいくつもの三角形を作り、合わせて四角形の壁を作り、さらに合わせて頑丈な立方体を完成させました。

僕は、その瞬間、偉大な建築家の誕生に立ち会ったかのように、子どもたち以上に喜びました！

４つの辺を使ってさまざまに形を変える四角形と違い、三角形はジョイント部分に力を加えても変形しません。三角形には自らの形を安定させる性質が備わっているのです。子どもたちは試行錯誤の中でそれを見つけました。そしてそこには、数学的理由があったのです。

図2　三角形の合同条件

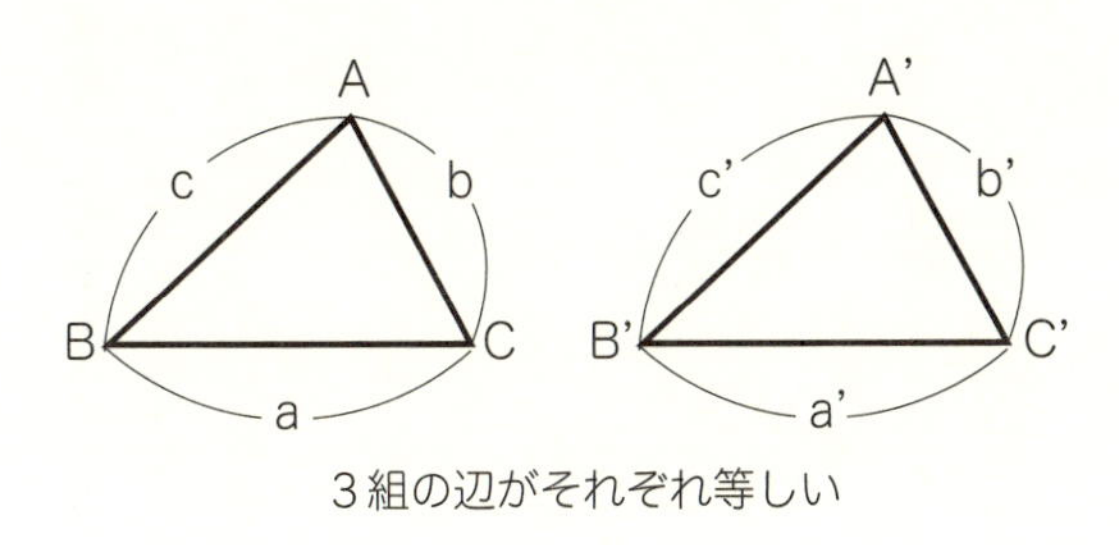

3組の辺がそれぞれ等しい

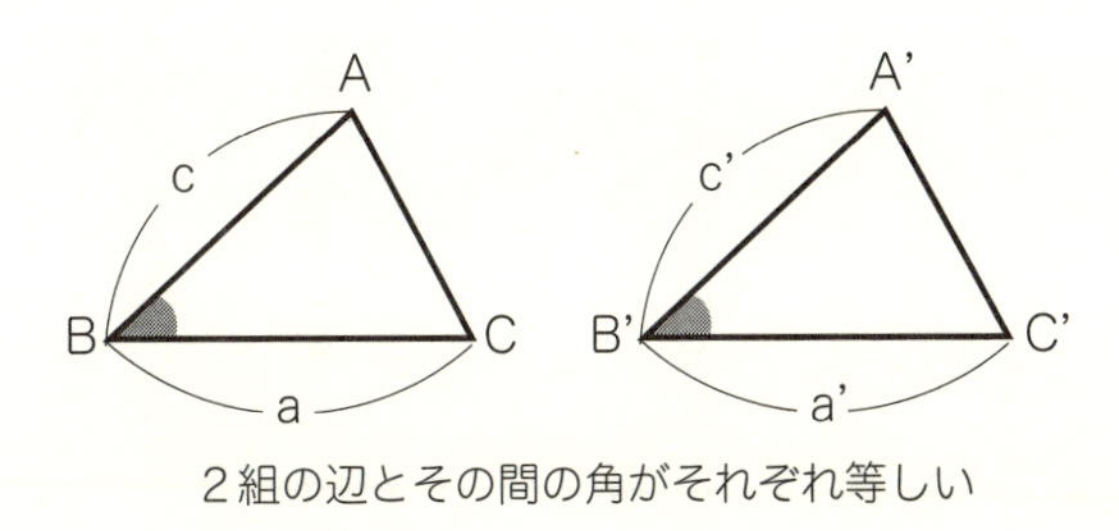

2組の辺とその間の角がそれぞれ等しい

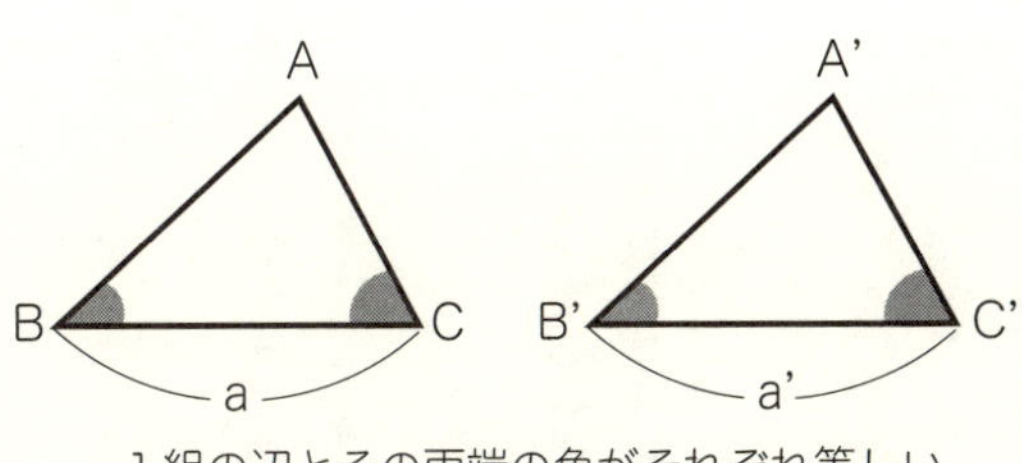

1組の辺とその両端の角がそれぞれ等しい

▼東京タワーも東京スカイツリーも三角形？

中学校で**「三角形の合同」**について学んだはずです（図2）。前項の「相似」は、比率を変えると同じ形になるものですが、「合同」はまったく同じ図形のことです。

三角形の合同条件のなかに**「3組の辺がそれぞれ等しければ、その三角形同士は合同である」**というものがあります。言い方を変えると**「3辺の長さを決めると、三角形の形は1つに定まる」**のです。

この三角形の性質は、建築物の構造に活用されています。

3辺の長さからできる三角形は合同条件によってただ1種類で、変形しません。この**「1つに定まる」＝「安定した形」＝「頑丈な形」の三角形を使って建築物をくみ上げた構造体を「トラス構造」**といいます。

トラス構造は耐震性に優れ、建物の梁（はり）や鉄橋などに使われてきました。一番有名なのは、東京タワーでしょうか。日本最大の建築物でもある東京スカイツリーにも用いられています。構造体に近づいてよく見ると、三角形のフレームの集合体であることが確認できます（図3）。

図３　トラス構造の東京タワーと東京スカイツリー

同じ誕生日の人がいる確率

1年366日なのに、1クラス30人でほぼ1組は同じ誕生日？

▼誕生日が重なる確率は高い？ 低い？

自分が所属する職場や学校、サークルなどで、同じ誕生日の人と出会ったことはありますか？ 少人数なら偶然、大人数ならありそうなことと思うかもしれません。クラスに誕生日が重なる人がいる確率を予想してみてください。「365人（あるいは366人）いれば誕生日が重なる人がほぼ100％いるから、35人だったら10％前後かな」と思うでしょうか。実は、35人の場合、誕生日が重なる確率は80％を超えるのです。

このように、**日常の感覚からくる推定が、実際と反することを「パラドックス」**といい、この誕生日の確率を**「誕生日のパラドックス」**といいます。

では、実際に、人数によってどのくらいの確率になるのでしょうか。1クラス30人学級の場合は、誕生日が重なる確率が70％を超え、40人のクラスの場合は90％近くになります。所属した部活の部員が50人以上なら、95％を超えます。このパラドックスに「えー！」といいたくなりますよね。なぜそうなのかを説明しましょう。

▼誕生日が重なる確率の計算法とは？

前提として、対象とする誕生日は、うるう年の2月29日も含めた366日で、誕生日の分布は一様に同じとします。確率の求め方は、「少なくても2人が、誕生日が重なる確率」を求めるため、全体の確率1（＝100％）から「誕生日が重ならない確率」を引きます。

1－誕生日が重ならない確率＝重なる確率［％］

まず、2人の場合を考えてみましょう。片方の誕生日ともう片方の誕生日が異なる（重ならない）確率は「366分の365」です。

下のような計算になり、2人の誕生日が重なる確率は、0.3％弱です。「ほぼない」

365÷366＝0.99726……
1－0.99726…＝0.00273……

といえます。

では、3人の場合はどうでしょうか。3人目の誕生日が重ならない確率は「366分の364」。3人とも誕生日が重ならない確率を求めるには、先の「2人の誕生日が重ならない確率」に、さらに「3人目の誕生日が重ならない確率」をかけます。そして、全体から引くと求めることができます（式1）。

2人の場合の0.3％弱に対して、0.8％に増加しています。どうやら人数が増えることで、「誕生日が重なる確率が増える」ようです。人数を多くする場合は、この計算を人数分だけくり返せば、全体の「誕生日が重ならない確率」が出せます。全体の人数を「n人」とした場合は式2になります。誕生日が重なる確率は式3のようにして求めます。

では、誕生日が重なる確率が50％を超えるのは全体の人数「n」

式1　$1-(365\div366)\times(364\div366)$
$=0.00819\cdots\cdots$

式2　$(365\div366)\times(364\div366)\times\cdots\cdots\times\{(365-n+1)\div366\}$

式3　$1-(365\div366)\times(364\div366)\times\cdots\cdots\times\{(365-n+1)\div366\}$

が何人のときか。計算していくと、「n＝23」だとわかります。この計算により、先の「40人なら、重なる確率は90％近く」「50人以上になると、重なる確率は95％を超える」のです。

このように計算して確率が出ても、なんとなく納得しかねるかもしれません。それは次の異なる視点を混同しているからだったのです。

A：50人の中に同じ誕生日の人が1組以上いる確率
B：50人の中に自分と同じ誕生日の人が1人以上いる確率

Aはこれまで見てきたように、1人目と重ならない確率、2人目と重ならない確率を1から引きます。3人なら式1のように計算しました。

しかし、Bでは「自分と重ならない確率」を人数分求める必要があります（式4）。

Bの場合、3人だと確率は0.5％ほどです。ちなみに、23人の場合は、5.8％です。これでは、確かに誕生日が重ならないですね。

実際に、誕生日が重なるかどうか、検証してみましょう。次ページの一覧は2020年8月8日現在の、Jリーグ・浦和レッズの選手名鑑に登録されている33人の選手の誕生日です。この中に同じ誕生日の選手がいる確率は約77・4％で、2組います。あなたと同じ誕生日がいる確率は8.6％です。さて、見つかりますか？

僕が、講師をする算数・数学講座では、参加者にこの「誕生日のパラドックス」を体験してもらうことがあります。参加者が100人程の講座では、2人の誕生日が重なる組み合わせは12組。そのうち、1組は3人の誕生日が同じでした。他の講座でも100人規模だと3人が重なることは珍しくありません。このくらいの規模で検証すると、ビンゴゲームなみに盛り上がるかもしれません。

式4　$1-(365 \div 366)\times(365 \div 366)$
$=1-0.99477\cdots$
$=0.005523\cdots$

浦和レッズ、33人の選手の生年月日

背番号	名前	生年月日
1	西川　周作	6月18日
2	マウリシオ	2月6日
3	宇賀神　友弥	3月23日
4	鈴木　大輔	1月29日
5	槙野　智章	5月11日
6	山中　亮輔	4月20日
7	長澤　和輝	12月16日
8	エヴェルトン	12月1日
9	武藤　雄樹	11月7日
10	柏木　陽介	12月15日
11	マルティノス	3月7日
12	ファブリシオ	3月28日
13	伊藤　涼太郎	2月6日
14	杉本　健勇	11月18日
16	青木　拓矢	9月16日
20	トーマス　デン	3月20日
22	阿部　勇樹	9月6日
24	汰木　康也	7月3日
25	福島　春樹	4月8日
26	荻原　拓也	11月23日
27	橋岡　大樹	5月17日
28	岩武　克弥	6月4日
29	柴戸　海	11月24日
30	興梠　慎三	7月31日
31	岩波　拓也	6月18日
32	石井　僚	7月11日
33	伊藤　敦樹	8月11日
35	大久保　智明	7月23日
36	鈴木　彩艶	8月21日
37	武田　英寿	9月15日
39	武富　孝介	9月23日
41	関根　貴大	4月19日
45	レオナルド	5月28日

「ルーン・アルゴリズム」の秘密

クレジットカードの16ケタの番号は、セキュリティだけが目的ではない？

▼クレジットカードの16ケタの数字の秘密

キャッシュレス決済がコンビニやスーパーでも日常化し、対面レジでカードをやり取りする機会が増えました。一方で、Ｗｅｂサイト上でのクレジットカードによる決済では、16ケタのカード番号の入力や登録の「手間」が求められます。

Ｗｅｂサイトにカードの番号を入力することに、不安に思う人もいるのではないでしょうか。または、16ケタも入力するのは間違いが多くて面倒くさいという人もいると思います。

なぜ、16ケタの番号を求められるのでしょうか。「トラブルが起きないようにセキュリティがかけられている。その厳重さがケタ数の多さだ」。そう考えている人は多いようです。しかし、Ｗｅｂサイトでの通信販売の決済時にはカード裏面にある3ケタの「セキュリティ番号」を求め

られます。裏面の３ケタがセキュリティ目的の番号なら、表面の16ケタの数字は何のためにあるのか不思議になりませんか？

実は、Ｗｅｂサイトで16ケタの数字の入力を求めるのは「入力画面の前にいる人物が、そのカードを手にしている人かどうか」の確認のためなのです。もちろん、「ＰＣやスマートフォンがあなたを監視している」わけではありません。その確認はとても単純な仕組みによって行われています。

16ケタの番号には、それ自体に機能が隠されています。**「チェックサム」**と呼ばれるもので、決められた番号配列のルールと異なる数字を入力すると「検出不能＝入力間違い」としてエラーになる仕組みです。

つまりカード番号を入力した時点では、その番号とあなたの登録個人情報を照合して確認しているわけではなかったのです。エラーは、単純に「ちゃんとカードを見て、正しい番号を入れて！」と、入力のやり直しを求めているのです。

自分も気づかない入力ミスが、なぜ「ばれる」のか、ちょっと不気味でもありますね。それは、16ケタの番号が**「ルーン・アルゴリズム」**という数学的なルールを持った仕組みで決められた配列になっているからです。

実際に確かめてみましょう。手元に自分のクレジットカードをご用意ください。16ケタの番号を見て次ページの計算をやってみましょう。

あなたのクレジットカードの16ケタ目の数字と合っていたでしょうか。この**「計算して合う数字の配列」の仕組みに使われているのがルーン・アルゴリズム**です。

人間には少々手間のかかる計算ですが、Ｗｅｂサイト上の入力画面に組み込む機能としては軽いデータで済む仕組みです。その場で人為的な「入力ミス」を判断し、「ちゃんとカードを見て！」「本当にカード番号を知っていますか?」という意味でエラー表示を出していたということです。

つまり、16ケタの番号は、単純な入力ミスを確認するための「ヒューマンエラー」をチェックするためのものなのです。

「チェックサム」を確認してみよう！

次の16ケタの数字を確認します。

①②③④　⑤⑥⑦⑧　⑨⑩⑪⑫　⑬⑭⑮⑯

（1）左から奇数番目の数字（①、③、⑤、⑦、⑨、⑪、⑬、⑮）に、それぞれ２をかける。
その際、数字が２ケタになった場合は、１と10の位の数字を足す。

「①×２＝10」であれば「１＋０＝１」

「⑤×２＝12」であれば「１＋２＝３」

（2）（1）でそれぞれ出た数字の合計（A）を求める。

（3）⑯を除く偶数番目の数字（②、④、⑥、⑧、⑩、⑫、⑭）を全部足す。
「②＋④＋⑥＋⑧＋⑩＋⑫＋⑭＝B」

（4）AとBを足す。
「A＋B＝C」


Cと⑯の数字を足して10の倍数になると確認が完了。

「C＋⑯＝10の倍数」

▼チェック機能は、他にも使われている？

他にも、人間的な「入力ミス」を防ぐ仕組みとして、身近なものには「バーコード」がありま す。本書のカバーにもありますね。レジでピッと読み取れば、価格がわかり、レシートには細かな製品情報が記載されるので、バーコード自体に膨大な情報が隠されているように感じます。しかし、実際に読み取っているのはバーコードの下部にある数字配列と同じ情報なのです。その数字配列にヒモ付いた商品情報が計算・印字されたり、会社のシステムに送られたりしています。

やはり重要なのは最後の数字で、「ピッ」と確認しているのは、最後の数字が正確かどうか他の数字を使って計算した結果です。「バーコードが読めない」というエラーは、何かデータ的な不都合ではなく、印刷ミスやシールのヨレなどが原因。数字を手入力することでレジに商品情報を正確に伝えることができます。

ヒューマンエラーをチェックする機能ですが、ここでは機械の読み取りエラーを人間がサポートしているわけですね。

視力の秘密は「反比例」にあり

視力に1.1がない理由は、視力検査の「C」に隠されていた？

▼視力のあの数字は、何を表している？

体にはたくさんの「数字」があります。生年月日・年齢・身長・体重・足のサイズ……。数字が苦手という人も、これらの数字が何を物語っているか、把握している人は多いと思います。

しかし、「視力」が示す数値が何を示しているのか、正確には知られていないのではないでしょうか。例えば、「視力1.2」が「0.2」より「ものがよく見えている」ことはわかりますが、いったい何がどれだけよく見えているのでしょうか。

また、視力の数値は、0.1に始まり、0.2、0.3と0.1ずつ刻んで1.0までカウントされますが、それより上は、1.2、1.5、2.0と飛び飛びになるのです。そして、なぜか検査では2.0までしか測らないのです（図1）。

実はこの「視力の不思議」にも、数学の秘密が隠されていました。

視力検査で使われる「C」のような図形は**「ランドルト環」**と呼ばれ、スイスの眼科医エドムンド・ランドルトによって開発されました。1909年国際眼科学会に制定されたもので、日本でも視力測定の指標として最も広く採用されています。

では、検査のときに「C」をどれくらい確認できたら「見えている」といっていますか？　形がクッキリ見える状態でしょうか。それとも、「この向きに切れ目があるのがわかる」くらいの見え方でしょうか。

クッキリ見える人も、少しぼやけて見える人も「切れ目がわかる」ことを視認できれば見えています。ぼやけて重なり、「点が1つに見える」のであれば見えていないのです。これをランドルト環では「C」のすき間の白地と両端の「C」の縁で作る「黒・白・黒」が認識できるかどうかで確かめているのです（図2）。

▼視力を求める計算式とは？

実は、視力の数値は、この「C」のすき間の幅が関係しています。「C」のすき間が1.5㎜のとき、

図1　ランドルト環の視力表

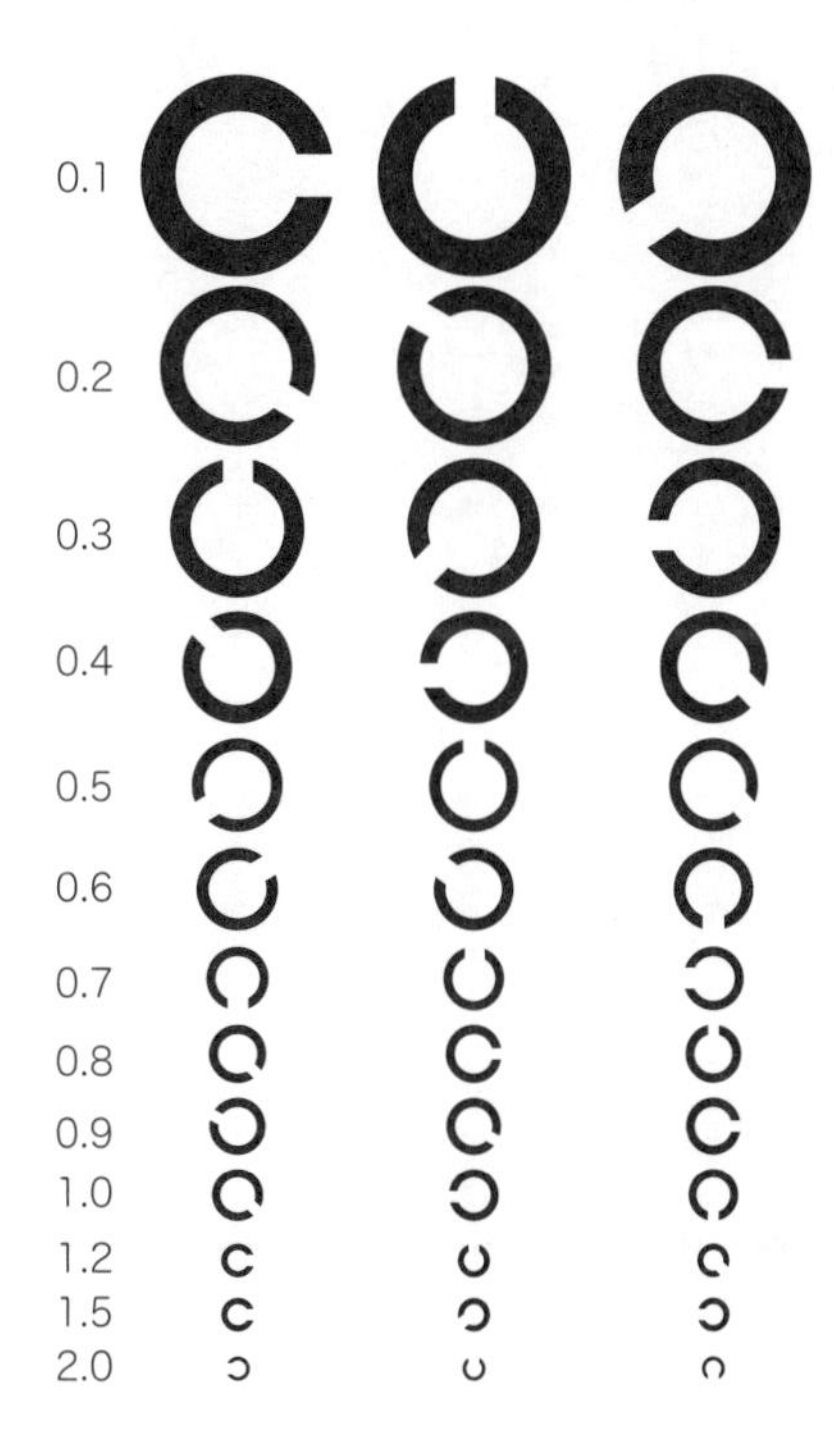

図2　「見える」「見えない」の差

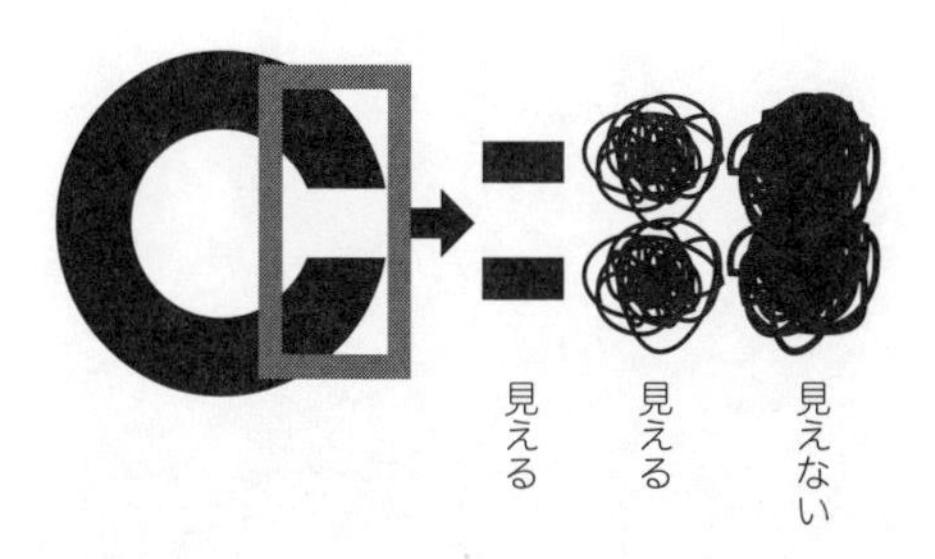

これを5m離れて確認できる視力が1.0なのです。

この視力の数値の計算には、「視角」が用いられています。これは検査する人の目と「C」のすき間の両端を結ぶ2本の線が作る「角度」を表しています。視角は日常的に使っている角度の「1度」の60分の1である「分」が単位です。視力の計算式は下のようになります。

つまり、**視力1.0とは「Cのすき間＝約1.5㎜」と「Cと目の距離＝5m（a）」と「Cと目の距離5m（b）」と「その三角形の角度＝1度」である**ということを表しています（図3）。「C」が大きくなれば、すき間の幅が長くなり、角度は大きくなります。1（度）を割る視角（分）が大きくなり視力の数値は小さくなります。逆に「C」が小さくなれば視力の数値は大きくなるのです。

この関係をグラフで表してみましょう（図4）。「視角が大きい」ほど左上に、「視角が小さい」ほど右下の座標になります。こうした**x軸の数値が大きくなるほどy軸の数値が小さくなる変化を「反比例」**と呼びます。

視力＝1（度）÷視角（分）

図3　視力1.0とは？

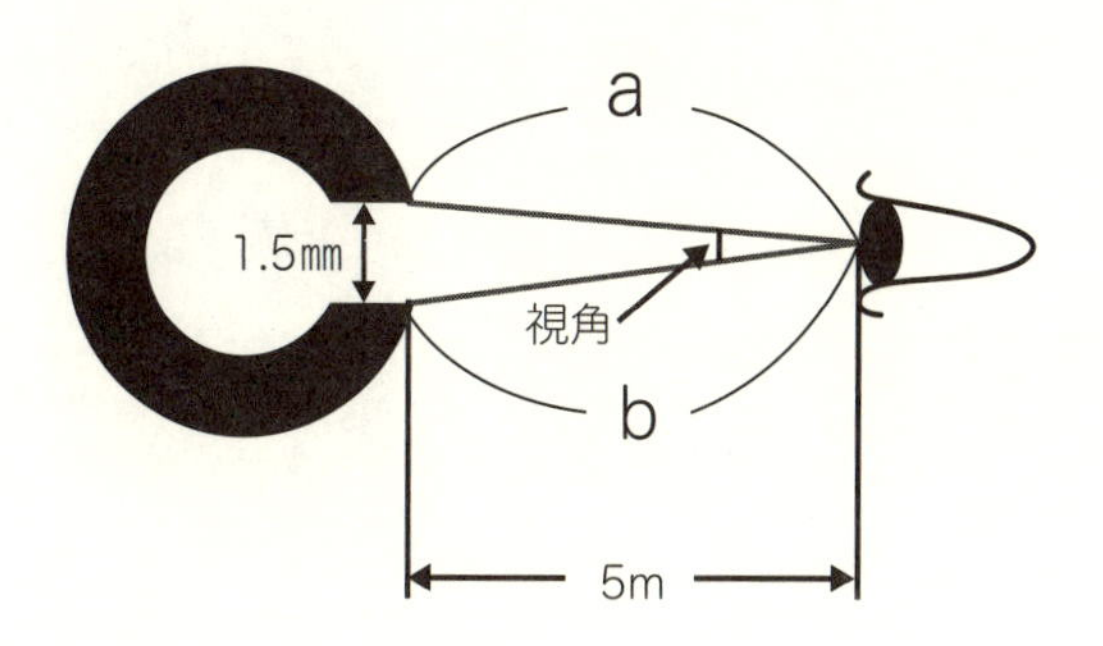

図4　視力の大きさを表すグラフ

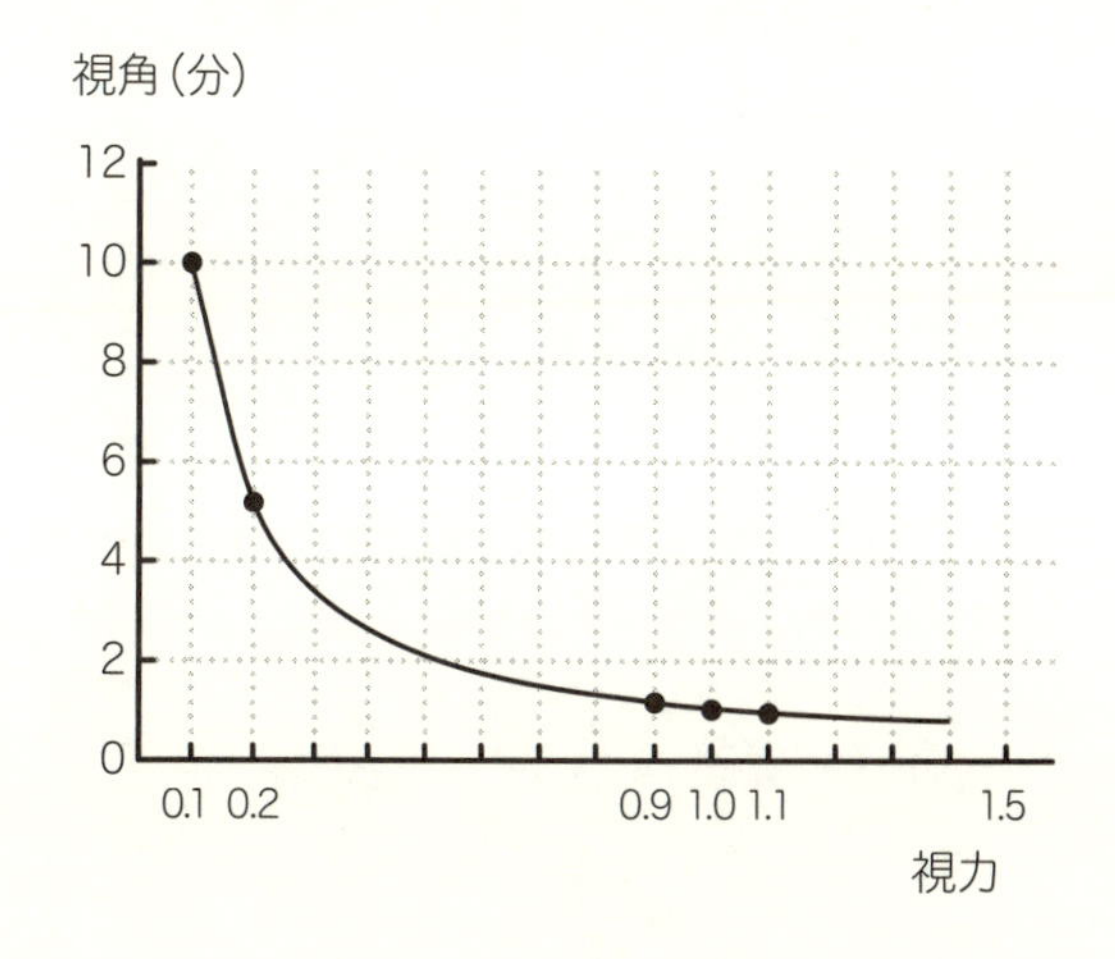

さて、もう1つの疑問。なぜ視力は、1.0以降の数値は飛び飛びなのか？　これもグラフを見てください。視力0.1と0.2では、視角は約半分になっています。「y軸＝右下がりに大きく変化している、x軸＝視力の変化が大きい」を判断することができます。

ところが、1.0前後ではあまり変化していません。つまり、視力1.0と1.1の変化に細かく対応する視力の矯正はあまり意味がないのです。同様に視力2.0以上の小さな視角を確認する検査も必要がないのです。

ちなみに「人間の視力はどこまであるのか」気になりますね。海外では、「視力8.0」という値を持つ人が多い国もあるそうです。これは、40m先の1・45㎜の大きさのものが見える計算になります。

それだけの視力で渋谷のスクランブル交差点を歩いたらどんな風景が見えるのでしょうか。

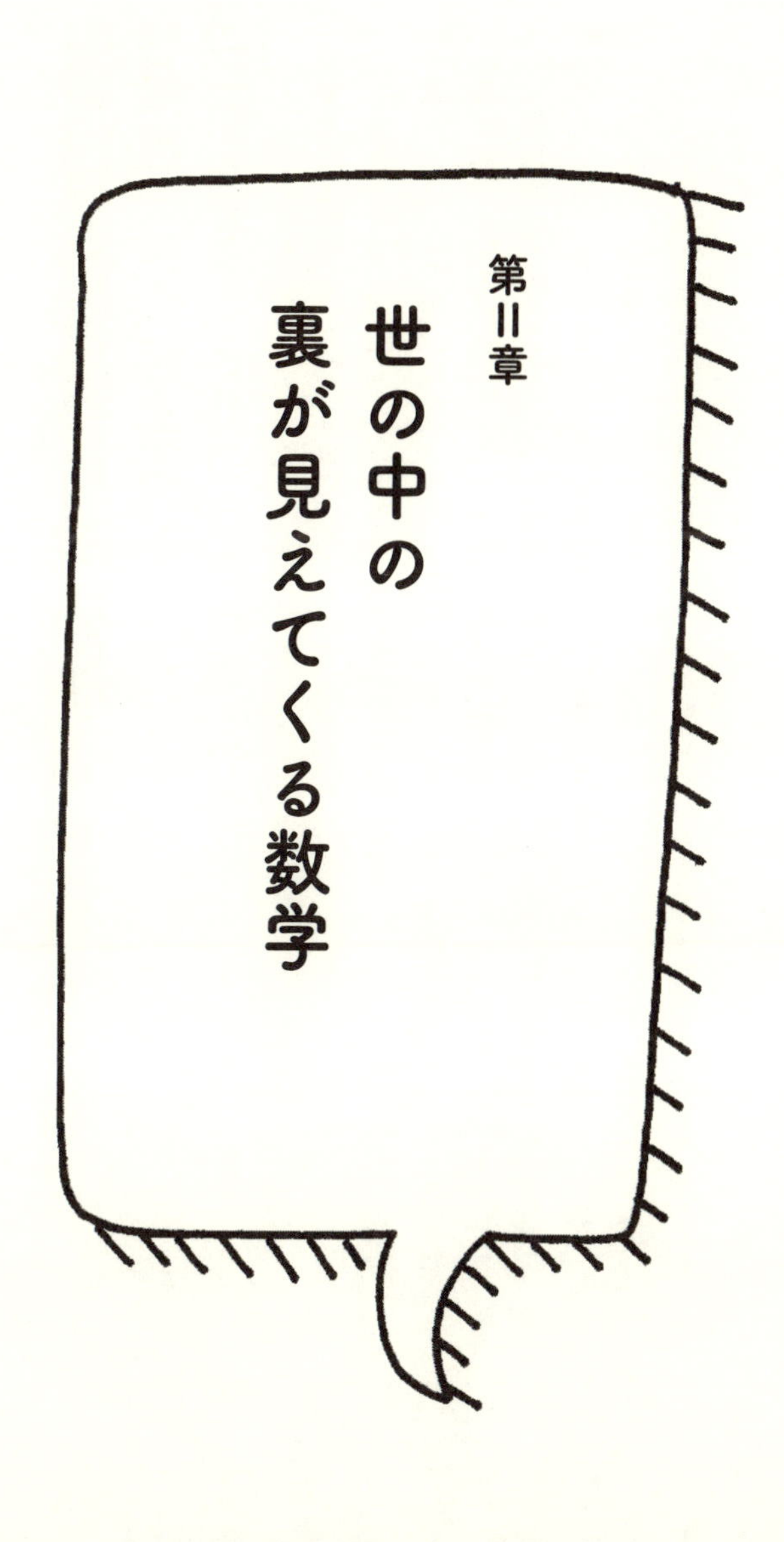

第II章 世の中の裏が見えてくる数学

感染拡大は「指数関数」的に増えている?

感染症の拡大防止策「三密回避」「8割の行動制限」の真相

▼どんな状況でも数学は役に立つ

2020年は、新型コロナウイルスの感染拡大に世界中が向き合わざるを得ない状況となりました。「感染拡大」という言葉そのものへの心理的な不安に加え、医療や感染症の専門用語、日々更新される情報の多さ、そこに含まれる専門的な数字への理解はなかなか追いついてはいけないものです。不安な状況の中でも情報を理解し、落ち着いた行動を心がける大切さをあらためて感じました。そうした「正しく怖れる」姿勢を保つためにも数学は役に立ちます。

「コロナ禍」と呼ばれた状況の中、東京都知事の呼びかけで強い印象を与えた「三密」の図（図1）。この図の中央が表しているのは下の式です。

密閉（かつ）∩密集（かつ）∩密接

感染が起きやすい要素を3つの円で示し、その3要素が重なる場や行動では集団感染のリスクが高まることを、視覚的イメージで誰にでもわかりやすく伝えることに成功しました。

感染が拡大した場合の予想を示し、そうならないための対策を知ってもらう呼びかけでは、グラフや数字も登場しました。しかし、数学的に高度な内容を含んでいるため「三密の図」に比べると理解が広まるのが難しかったようです。

例えば感染の拡大を抑えることができた場合と、感染拡大が進む場合をグラフで比較する際に、**「指数関数的増加」**という言葉をよく聞いたと思います。

次ページ下の式1は指数方程式です。**「aのx乗」を指数関数と呼び、「x」が指数**です。あるウイルスは、感染者1人が生み出す二次感染者数を2人だとします。1人から2人、2人から4人、

図1　政府が呼び掛けている三密回避

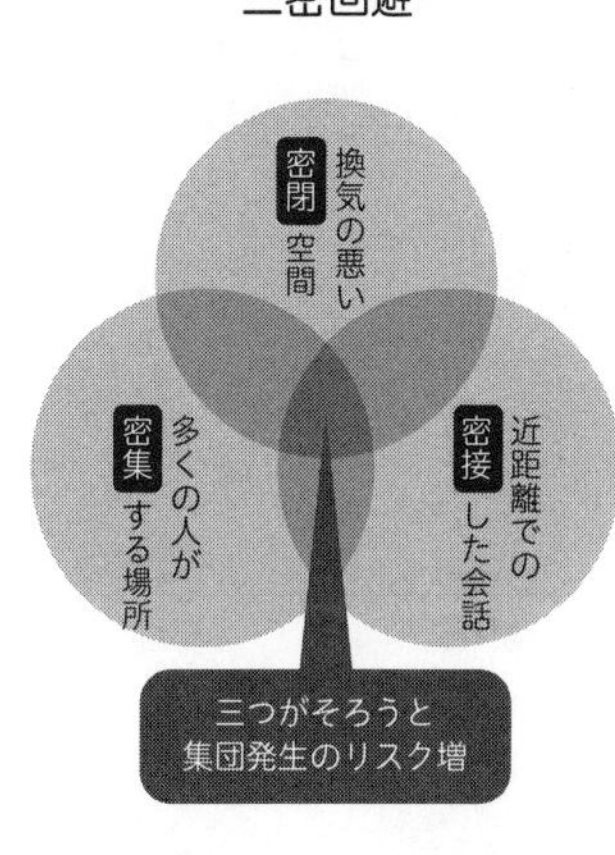

4人から8人……。いわゆる「倍々」に増えていきます。つまり、新たな感染者がx人増えるごとに次の感染者数は2のx乗ずつ増えていきます。式で表すと式2のようになります。

▼図でわかる感染拡大とその対策

感染拡大の仕組みを詳しい図でたどってみましょう。

ウイルスが感染力を維持したまま、1人の感染者が新たに2人の感染者を確実に増やす場合、指数関数的拡大を図にしたものが図2です。

感染者1人（2の0乗）↓　新規感染者が2人増える（2の1乗）↓
新規感染者が4人増える（2の2乗）↓…

何もしなければ感染者が増えていき、数が増えるほど感染拡大を封じ込めることが難しくなります。そこで感染拡大のきざしを初期で発見し、感染者を治療・療養

式1　$y=a^x$
式2　感染者数$=2^x$

図２　感染者が１人、２人、４人……と、
増加する様子

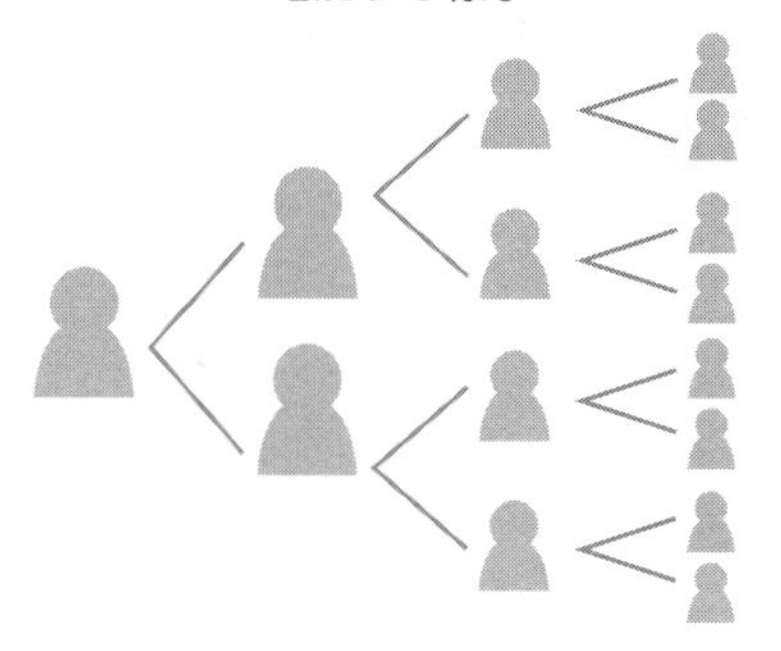

図３　感染者を治療・療養することで感染拡大を防ぐ

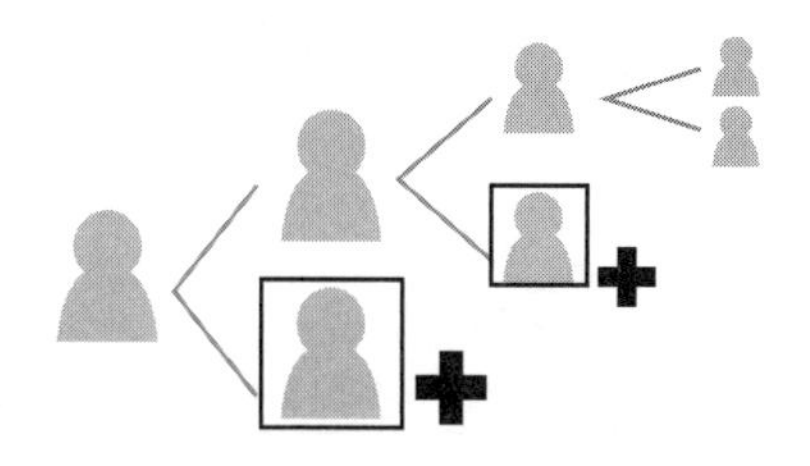

図４　「感染しない」「感染させない」対策

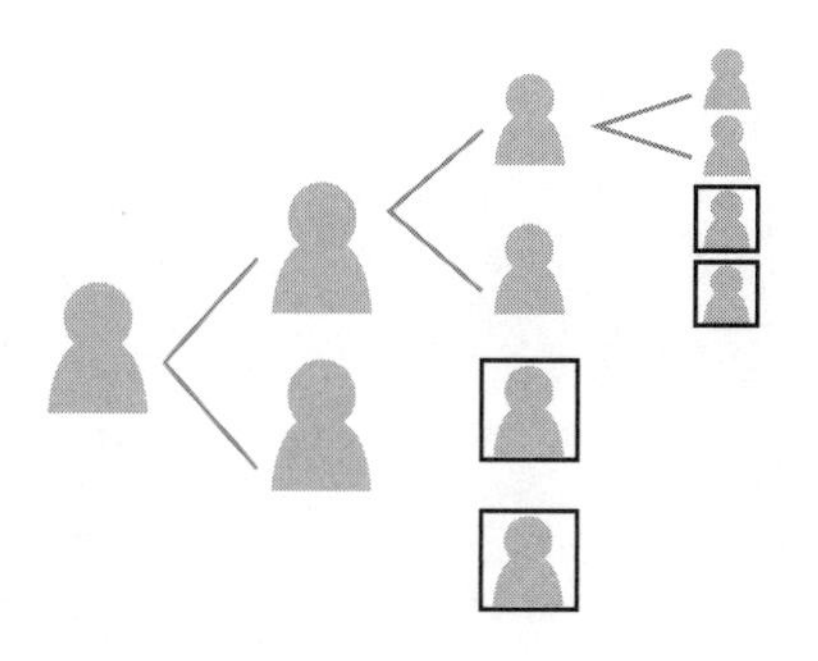

することで感染拡大を抑える。その対策が図3です。

しかしこれは、すべての感染経路を追える場合において有効ですが、感染経路の不明が増える段階では他の対策も併用する必要があります。そこで、まだ感染していない人が、他人との接触を減少させることで「感染先」にならないようにする対策が図4です。こうすることで、感染の連鎖を社会的にたち切り、ウイルスの感染力そのものを減少させるのが、多くの人が体験した「ステイホーム」だったのです。

▼さらなる対策「8割の行動制限」とは？

ウイルスが感染力を持つ間、すべての人が屋外行動を制限し、誰とも接触しなければ、感染はそこでストップします。しかし、現実問題としてそれは不可能です。医療従事者や物流、インフラ、生活物資の販売をはじめ、移動や活動をしなければならない人びと、さらに「要請」だけでは行動を制限できない事例などです。そのデータを積算し、「社会全体で目標とする行動制限の割合」が感染症の専門家によって呼びかけられました。それが「8割の行動制限の要請」だったのです。

なぜ、8割なのか。それを説明するにあたり「実効再生産数」を知る必要があります。「再生産数」とは、1人の感染者が平均で何人を直接感染させるかを示すもので、「実効再生産数」とは「実際に現実の社会で起きている再生産数」です。

重要なのは、その値が1より大きいかどうかです。

1より大きい　↓　新規感染者が増え、感染が拡大
1の場合　↓　新規感染者数は横ばい（収束も拡大もしていない）
1より低い　↓　新規感染者は減り、感染が収束

すでに感染拡大が起きたドイツなどのデータから「オーバーシュート（爆発的な感染者の増加）」が起きた状況では、感染者1人が免疫を持たない集団に二次感染を起こす可能性があるかを示す理論値（基本再生産数）は2.5と考えられていました。

オーバーシュートを避けるためには理論値の「2.5」にならない対策が必要です。

さらに、実効再生産数が1を下回り、抑制させる対策も必要です。その対策の計算

$$Re = (1 - p) Ro < 1$$

式は前ページの下のようになり、その意味は次の通りです（2020年8月現在、政府専門家会議クラスター対策班の西浦博教授より）。

実効再生産数（Re）を1より小さくしたい。そのためには、全体（1）の何割（p）の人が行動制限する（1－p）ことで、基本再生産数（Ro＝2.5）を下げることができる。

実は、この式を計算すると、行動制限が必要な人の割合（p）は0.6になるようです。つまり、行動を制限する必要がある人は、理論上では全体の6割で、8割ではなかったのです。

なぜ、2割も違うのでしょうか。それは、個々の人びとの行動の中には要請だけでは制限しえないものがあり、そうした数値を積算した上で出された数値が「8割」だったのです。社会全体で「少し多目」の負担を担うことで感染抑制効果を実現しようとする数字だったのです。

データに基づく理詰めで導いた数値で終わらずに、現実の生活や人びとの実情まで加味したリアルな戦略作りがなされていました。

「確率」をシミュレーションして見えてくるものとは？

「感染が99％正しくわかる検査」で、大規模検査すると何が起こるか

新型コロナウイルス対策では、さまざまな検査方法が日常用語となりました。そのうちのひとつに「ＰＣＲ検査」があります。ＰＣＲとは「ポリメラーゼ連鎖反応」の頭文字です。検体の中にウイルスの遺伝子の一部（ポリメラーゼ）があれば、感染を確認できる検査です。検査結果が出るまでに時間はかかりますが感度は高いといわれています。ＰＣＲ検査は、陰性の感度の高さに比べ、陽性の感度は低いといわれています。そのため少しの「偽陽性」（感染していないけど、感染者として治療を受ける人）と、それより多い「偽陰性」（感染しているけど、感染していないと判断され日常生活に戻る人）が出る可能性があります。

「検査によって何がわかるのか」という一般論として、ひとつのシミュレーションをしてみます。「国民全員が検査をすると何が起こるか」を数学的に考えてみましょう。ここではわかりやすく

するために、感度99％の仮の検査方法「Z検査」を使ったとします。

ある国の人口が100万人だったとします。国内に感染症が拡大しないよう、早々に全国民の検査を実施することにしました。現時点で国民の全感染者が判明すれば、そこで二次感染を防げるという戦略です。

この時点で国内に100人の感染者がいたとします。検査結果はどうなるでしょうか？

感度99％のため、100人の感染者のうち、99人の陽性＝感染者を見つけることができました。しかし1人を偽陰性として見逃しました。この人は通常の社会活動に戻り、周囲に感染を広げるかもしれません。この感染拡大の懸念を完全に払拭できないのが「偽陰性の課題」です。

感染者100人以外の99万9900人はそもそも感染していません。しかし、99％の感度の検査では、1％の割合、つまり、9999人が偽陽性となりました。この人たちは感染してはいませんが、感染者として医療対応する必要があります。感染者は100人なのに、医療は合計で1万98人（99＋9999）の治療に対応しなければなりません。この医療機関への過大な負荷が「偽陽性の課題」です。

感染拡大が小規模の段階では、範囲を絞らない大規模検査をすると、準備が整わない医療機関に負担を強いる懸念があります。では、感染拡大が広がっていたらどうでしょうか。

例えば、全国民1000万人のうち、10万人が感染したとします。すると、感染者の9万9000人は陽性として把握できますが、1000人は偽陰性となります。感染していない90万人のうち、9000人は偽陽性となります。

つまり、「感染していないのに感染していると判断され、医療機関に負荷をかける人」（9000人）は少し減りますが、「感染しているのに、感染していないと判断され日常生活に戻る人」（1000人）が大量に出てしまいます。

数学的なシミュレーションは、戦略をたてるためのさまざまな「モデル」を提供してくれます。そこから、課題への対策が可能になり、また、その対策の理解も可能になります。多くの人が数学的視点を持つことが大切だと考えます。

もうだまされない「グラフ」の読み方

プレゼン資料、ニュースに使われるグラフの印象操作を見抜く

経済指標、プレゼン資料、ダイエット効果の宣伝記事……。

そこにグラフやマトリックス図などが添えられていると、何となく「根拠がある正確なもの」と思いこんでしまうもの。

そこにはある意味で、数学的な統計や分析への信頼があるのかもしれません。しかし、数学的に見える図版も「描き方」や「見せ方」によって印象が大きく変わり、その「見た目」を用いた印象操作という危険も存在しているのです。

例えばコンサルタントのプレゼン資料によく使われるマトリックス図。コンサルタントは、ベン図のような丸の重なりで「我々の3つの専門性が生み出す総合力は……」と、丸の重なりを大

きく見せます。丸が大きくて重なる面積が大きいと、パワフルで協力関係が見えて、期待値が上がりますね。

コンサルタントにとっては、重なりが小さいよりは大きい方が「意気込み」は示せます。しかし、ベン図は、もともと要素を分類するもので、「割合」を示すものではありません。丸の重なりの大きさは意図的に変えられるので、大きさに意味はありません。

折れ線や棒線で表されるグラフも確認が必要です。どこを注意して見たらいいかというと、縦軸・横軸のメモリ幅です。縦軸のメモリ幅を大きく、横軸のメモリ幅を小さくすれば、グラフに大きな動きがあるようなイメージを持たせることができます（図1）。

また、円グラフも要注意です。身近で見る機会が多いので「わかりやすいグラフ」と思うかもしれません。

しかし、「立体的な円グラフ」は、奥行きのある見せ方をすることによって、手前の要素が実際の比率よりも大きく、奥の要素が実際の比率よりも小さい印象を与えます（図2）。調査データの結果に対する誤った印象を持たせ、見る人の判断に影響を与える危険があります。

図やグラフは、あくまで資料です。見た目の印象ではなく、何を示しているのか、注意して見るようにしましょう。

図1　折れ線グラフ

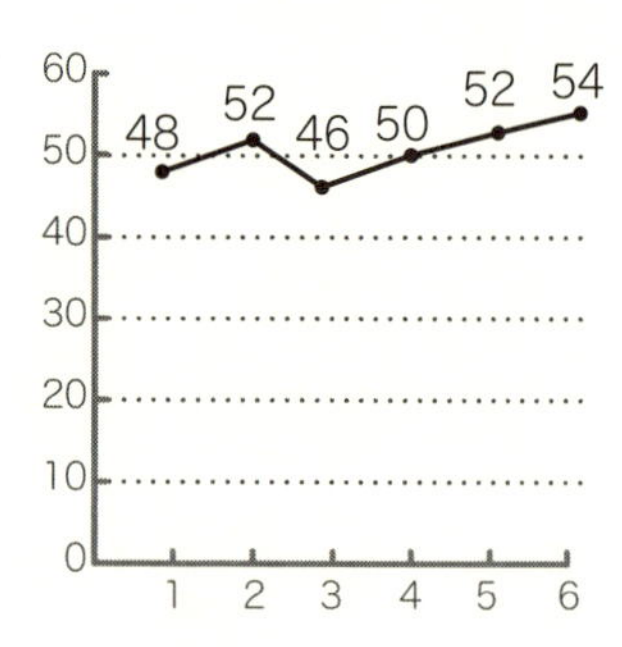

変化を強調しすぎな
折れ線グラフ

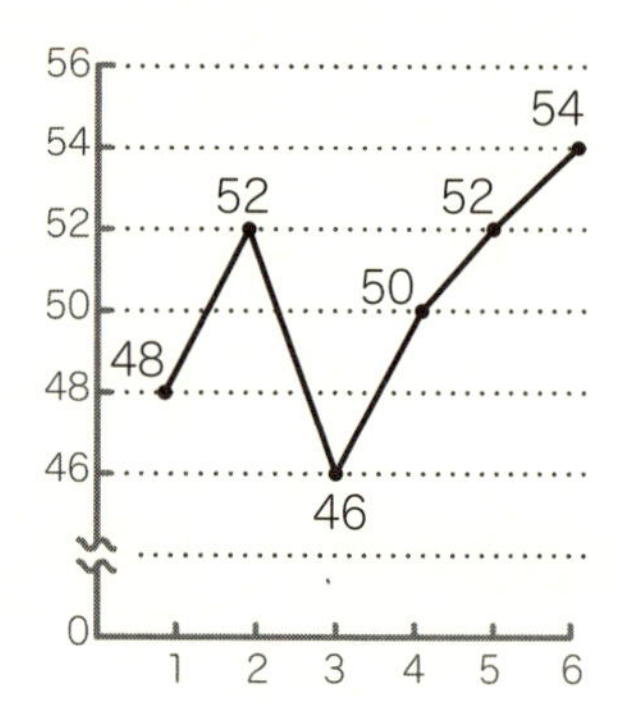

図2　円グラフ

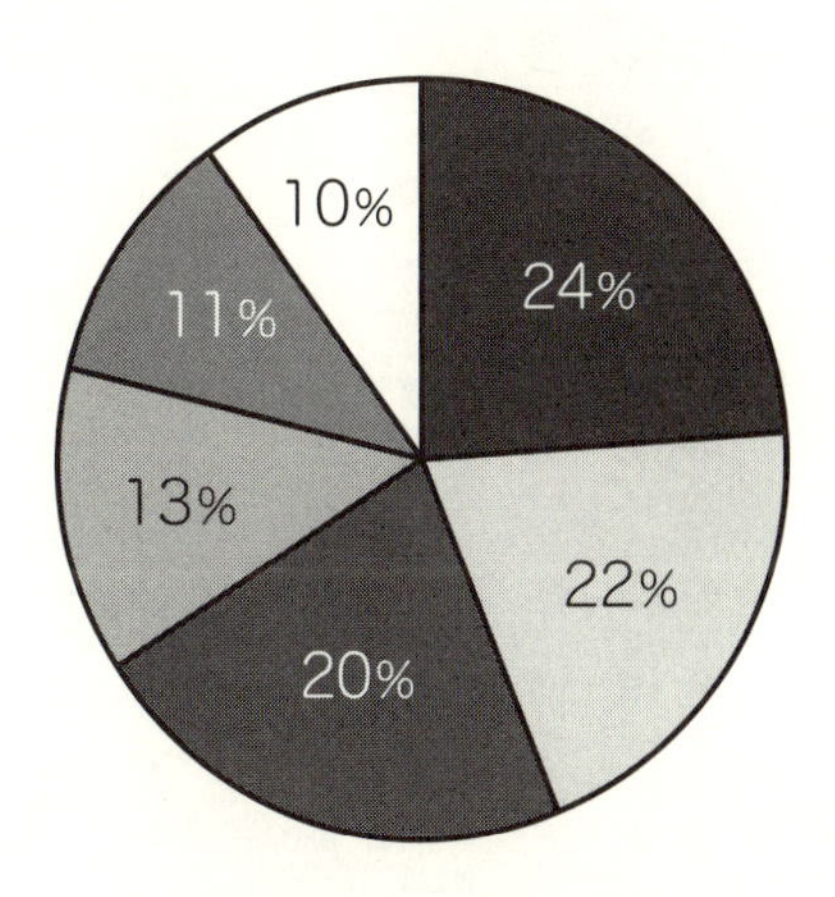

割合を強調しすぎな円グラフ

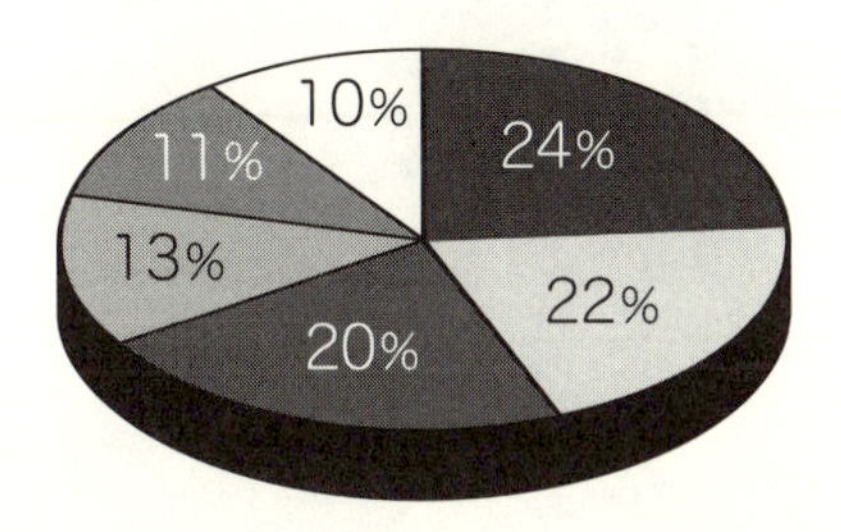

「倍・2乗・指数関数的」増え方

7回折って1㎝になる新聞紙、何回折ると富士山を超える？

▼考えてみよう「ハスの葉クイズ」

環境問題を考える「ハスの葉クイズ」があります。次の問いについて考えてみてください。

「ある池のハスの葉は1日に2倍に増えます。そのハスの葉が池の表面をおおってしまうと水質が悪化し、池の生命は死んでしまいます。ハスの葉は30日目に池の表面をおおってしまうでしょう。では、ハスの葉が池の表面の半分をおおうのは何日目ですか？」

15日目かなと思うかもしれません。それなら30日目までに余裕を持ってハスの葉対策を考えることもできそうですね。しかし、実際に葉が池の半分をおおうのは29日目です。「ああ半分まで来たな、そろそろ対策しないと」そう思った翌日には、風景が一変。一昼夜で池はハスの葉でおい尽くされ、池の生き物が消えてしまうのです。

このクイズは、スイスに本部のある民間シンクタンク「ローマクラブ」が1972年に出した報告書「成長の限界」の内容に基づくもので、目に見える変化に気づいた時点から環境対策の検討を始めるのでは遅いことを警告しています。この葉の増え方は「倍々に増える」という言葉で表すことができます。

数学好きの中には、こうした「大きな数を作る」ことを考えるのが好きな人たちがいます。

例えばこんなことを考えます。「新聞紙を何回折ったら富士山の高さになるか」と。新聞紙は薄い紙ですが、厚さがあるからには、折り続けていれば紙が重なった分の厚さが、いつかは富士山の標高3776mに達するはずです。それは何回目だと思いますか？

折ってみると7回目で約1㎝になりました。実際に折ってもらえればわかりますが、これ以上、手で折ることは難しくなります。ここからは計算にしましょう。

8回目：2㎝　9回目：4㎝　10回目：8㎝　11回目：16㎝
12回目：32㎝　13回目：64㎝　14回目：128㎝……

14回目でやっと1mを超えました。先は長そうですね。

17回目：10m24㎝……　20回目：81m92㎝

まだまだ「山」を感じさせませんが、ここからの倍々の増え方が「大きな数を作る」ことを実感できます。

21回目：163m84㎝　22回目：327m68㎝　23回目：655m36㎝
24回目：1310m72㎝　25回目：2621m44㎝　26回目：5242m88㎝

26回目には、富士山をはるかに超えてしまいます。22回目までは、まだまだという実感が、その後数回で、加速度的な増加を実感させるものに激変しました。変化の割合は「倍」と一定なのに、変化の量の大きさを人はなかなかイメージしにくいものです。

「数の増え方」を少し詳しく見てみましょう。下の3つの式を比べた場合、どれが「数の増え方」が速いでしょうか？　アは「倍」、イは「2乗」、ウは「2をx乗」を表しています。実際にxに数値を入れて見比べてみましょう（図）。

ウが圧倒的に速く増えていきますね。これを**「指数関数的増え方」**といいます。ここで紹介した「倍々」の増え方です。

▼指数関数的増え方を利用した、あるお願い

この「倍々に増える」ことに驚いたある有名な歴史上の人物が伝えられています。その人は、豊臣秀吉です。

ある時、豊臣秀吉は御伽衆（おとぎしゅう）の曽呂利新左衛門（そろりしんざえもん）に「褒美をつかわす。希望をのべよ」と命じました。御伽衆には、将軍や大名の雑談相手や広い見聞からの話題を提供するなど博学な者が選ばれます。

ア　$y=2x$　　イ　$y=x^2$　　ウ　$y=2^x$

曽呂利は、百畳敷の大広間を見渡し「端の1畳目に米1粒。隣の2畳目は米2粒。その次は米4粒と、1畳ごとに倍の米粒を置き、それを百畳分たまわりたい」とお願いします。それを聞いた秀吉はたやすいことだと快諾しました。そして家来に願いの通りに1畳ごとに倍の数の米粒を並べるよう命じ、家来は必要な米粒の数を計算。すると……。

十畳目512粒、二十畳目52万4288粒、三十畳目には5億3687万912粒となり、青ざめた家来から報告を受けた秀吉も目を丸くし、曽呂利に別の願いにするよう命じたといいます。

ちなみに百畳目を計算すると63穣（じょう）3825秭（じょ）3001垓（がい）411京（けい）5000兆粒。1畳目からの累計は126溝（こう）7650穣6002秭2823垓粒になります。現在の精米は5万粒で約1kgといいますから、総量は25秭3530垓1200京4564兆6000万トンになる計算です。

この逸話は、米ではなく金子（きんす）などさまざまなバージョンがあるようですが、その記録が人びとに広く知られるのは江戸時代です。ときの権力者がやりこめられる痛快な話として喜ばれたと思いますが、僕は、そこにある指数関数的な増え方をイメージして驚き笑うことができる数学的センスに驚きます。

図　倍・2乗・指数関数の増え方

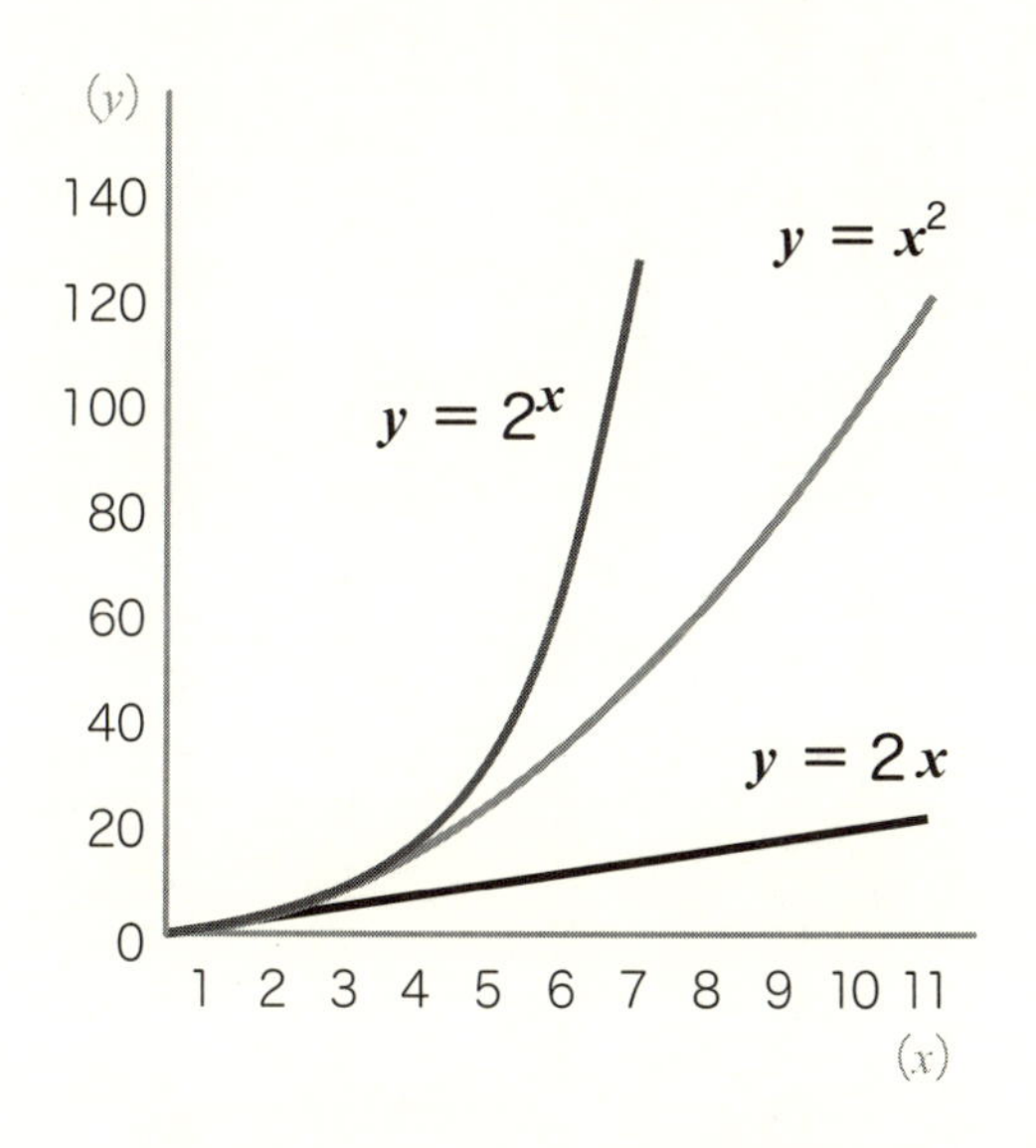

x：	1	2	3	4	5	6
$y=2x$：	2	4	6	8	10	12
$y=x^2$：	1	4	9	16	25	36
$y=2^x$：	2	4	8	16	32	64

悪徳商法にも例えられる「ネズミ算」

ネズミが毎月7倍増えると、1年で数百億匹を超える!?

倍々に増えていくことを、指数関数的な増え方と説明してきました。「それって、『**ネズミ算**』のことかな？」と思った人もいるでしょう。「ネズミ算式に増える」という言葉は「どんどん増える」ことの例えとして使われます。

しかし、「倍々に増える」と「ネズミ算式に増える」の意味は違います。「ネズミ算式に増える」とはどのような増え方なのかを見てみましょう。

2匹のつがいのネズミがいました。つがいは正月に12匹の子ネズミを生みました。雌雄6匹ずつです。ネズミは、全部で14匹になりました。

2月、14匹のネズミは7組のつがいとなり、それぞれ12匹の子ネズミ（雌雄6匹ずつ）を生みました。ネズミは98匹になりました。

ひと月７倍に増え続けると何匹になる？

	スタート	1月	2月	3月	…
増えた数	−	12	84	588	…
合計	2	14	98	686	…

×7　×7　×7　×7

同様に毎月つがいを作り、12匹の子ネズミ（雌雄6匹ずつ）を生むと、次の年の正月にはネズミは何匹に増えているでしょうか？

最初、２匹だったネズミが、１年目の正月に14匹に、翌月98匹になりました。つまり、７倍に増えたのです。これを毎月くり返すと、次のような式で表すことができます。

２×７×７×７×７……

７が12個並んだ「来年の正月のネズミの数」は、何匹になると思いますか？　式で書くと下のようになります。答えは、２７６億８２５７万４４０２匹です。

このように１つ進むごとに同じ比率で増えていく増え方を**「等比数列」**と呼びます。

$$2 \times 7^{12} = 27,682,574,402$$

「ネズミ講」と呼ばれる組織づくりもこの等比数列です。起点の人物が2人以上の会員を募り、同様に2人以上の会員を作るルールを決め、下部会員から上部会員への配当を生み出す仕組みで**「無限連鎖講」**とも呼ばれます。日本では「無限連鎖講の防止に関する法律」で禁止されています。

「ネズミ」に例えた数の増え方は、このネズミ講や高い金利の借金のように悪いイメージで語られることが多いものです。

しかし「ネズミ算」という言葉は江戸時代の和算の算術書『塵劫記（じんこうき）』に出てくるもので、ネズミそのものは多産などから吉祥（縁起の良いもの）の動物として、江戸時代ではペットブームが起きたほどです。「ネズミ算式」という言葉に悪いイメージがついたのは、後々のことなのです。

英国と日本のお釣りの渡し方の謎

店員にお金を渡すと「お預かりします」と言われる、実は深い理由

▼お金のやり取りを考えてみよう

僕は、高校生の時に2週間ほど英国に滞在しました。異文化に身を置いての生活は、すべてが刺激的でした。その中で、特に興味を持ったのが英国人の金銭のやり取りです。お釣りの渡し方が日本とは違っていたのです。

例えば、350円の商品を購入する際、日本では次のようなやり取りが一般的です。

店員：お会計は350円です
客：千円札でお願いします
店員：千円お預かりしました。……では、お先にお釣りが650円とレシートです

客：（釣り銭とレシートを受け取る）
店員：こちらが商品になります。お気を付けてお持ちください

このやり取りで注目したいポイントは、客が店員に千円札を渡してしまうことです。「それの何が？」と思うかもしれませんが、僕が英国で興味を持ったお釣りのやり取りは次のようなものでした。

店員：お会計が、5ポンドです
客：じゃあこれで（20ポンド札1枚をトレーに置く）
店員：（品物の横に、10ポンド札を1枚置き、さらに5ポンド札1枚を置いて）お釣りの15ポンドです
客：（釣り銭と品物を受け取る）

違いがわかりますか？　日本と英国では釣り銭の概念が違い、それがやり取りに表れているのです。よ〜く見てみましょう。まずは、日本から。

▼実は、深い意味があったお金のやり取り

客は店の350円の商品が欲しい。買うために千円札を店員に渡すのですが、この時、客は「1000円の価値」を失っています。同時に店員側は「350円の価値」を持つ商品と千円札を手にすることで計1350円の価値を手にしていることになるのです。

先ほどのやり取りは実は次のように行われていました。

店員：この商品の価値は350円です
客：ではこの千円札を預けるので、その中から350円分だけ受け取ってください
店員：お預かりした千円札から350円を受け取りました。残りの650円とそのやり取りを記載したレシートをお返しします
客：確かに650円を返してもらいました

店員：350円の商品をお渡しします

両者が千円札のやり取りをする中、店員が計算しているのは「差し引きいくら？」の引き算です。僕はこれを**「差し引き型のお釣り計算」**と命名しました。

英国でもスタートは日本と同じです。しかし次のようなやり取りをしています。

店員：この商品の価値は5ポンドです
客：では、この20ポンド札からその価値を受け取って商品と交換してください
店員：5ポンドの商品と15ポンドを添えてここに20ポンド分の価値を揃えました
客と店員：では互いの20ポンド分の価値を交換しましょう

店員は、20ポンド札を受け取らず、手元に5ポンドの商品と15ポンドの釣り銭を並べ、客と同じ価値を揃えてから価値の等価交換をしているのです。こちらを僕は**「積み上げ型のお釣り計算」**と命名しました。つまり店員は足し算でお釣りを計算しているのです。

英国の「積み上げ型のお釣り計算」は、いわば天秤を釣り合わせる行為に似ています。一方、日本のやり取りには天秤のイメージはありません。でもそこには数学的なやり取りとは異なるバランスの保ち方が存在しているのです。

▼日本のやり取りは、どんなバランスがあるのか

ＳＮＳで「支払いをしたら、お札をお預かりしますと言われた。じゃあ、あとで返してくれるのか」という指摘を見たことがあります。その時は、僕も「確かに変だな」と思ったのですが、この釣り銭検証でその疑問も解消しました。

客から店員への千円札は、価値を客に残したままの仮移動であることを店員の「お預かりします」の言葉で合意されたのです。さらにその預かった価値から、差額の６５０円をお釣りに変換、合わせて３５０円の商品を渡す。その際に、３５０円の価値は「商品になります」と入れ替わったのです。

これは長い歴史的な商習慣などが影響した文化的な違いかもしれません。日本でも、支払いの時に端数を上乗せして、お釣りの端数をなくすやり取りも日常的に行われています。その場面で

は、客の側が「差し引き型のお釣り計算」と「積み上げ型のお釣り計算」を合わせてやっていることになりますね。私たちの日々の暮らしには、文化的、数学的なコミュニケーションが隠れているようです。

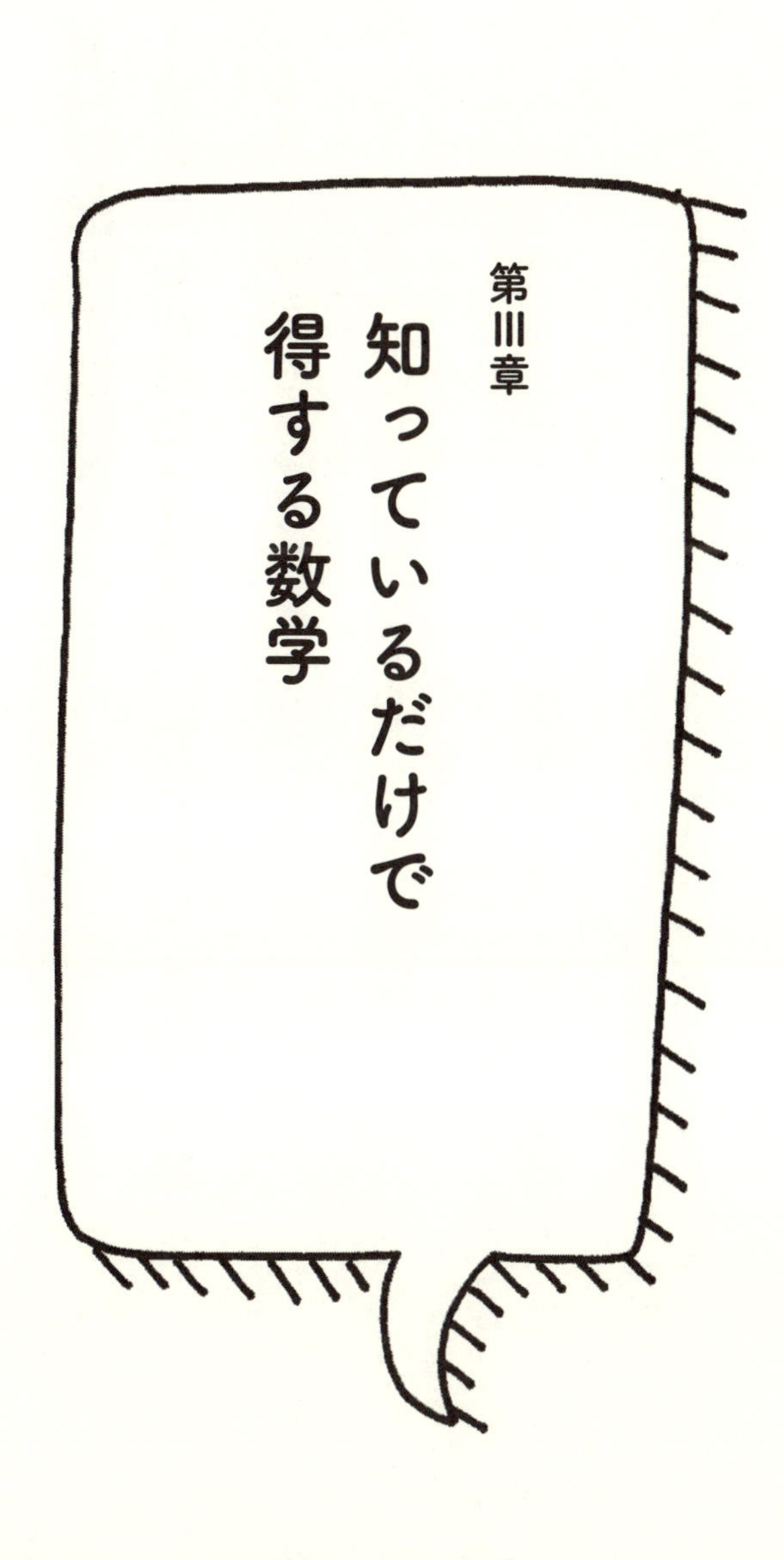

第III章 知っているだけで得する数学

それでも、宝くじは買う？

1等宝くじが当たる確率は、数万年に1回だった!?

▼宝くじ1等が当たる確率は？

賞金数億円の宝くじを買ったことはありますか？

宝くじを買わない人の理由で一番多いのは「当たると思わないから」で59・3％。買う人は「賞金目当て」が61・9％。買わない理由と買う理由が、「当たらない」「当たる」という真逆の認識に分かれました。おもしろいのが、買う理由の2番手が「宝くじには大きな夢があるから」の42・5％だったことです（いずれも２０１６年4月実施、日本宝くじ協会調査）。「夢を買う」は「当たる」と思っていて買っているのか、それとも「結局、当たらない」と割り切って買っているのでしょうか。

現実として、高額宝くじの1等の当選者はいるはずです。ただその当選する確率がものすごく低い。それを誰もが知っているので「当たらないから買わない」「夢として買う」というどちらかもほぼ「当たらない」を前提にする人が多いのです。

例えば1等7億円の年末ジャンボ宝くじは、当選確率が0・0000005％（1ユニットに1本、1ユニットは2000万枚とした場合）。つまり、500万分の1です。毎年、100枚ずつ買っても20万年に1回の確率です。これでは、確かに夢です。

そう考えれば「買わない」のも当然でしょうか。いや、確率がゼロじゃない、今回が20万年に1回かもしれないから超前向きに「買う」と判断する根拠も否定はできません。

▼サルが文豪になるのも、確率ゼロじゃないから起こりうる？

確率は低いけれど、決してゼロではない。このような「ない」といえないものに「ある」事柄をどう考えればいいのでしょうか。そうした思考訓練に取り上げられる次のような仮説があります。

「ランダムに文字列を作り続ければどんな文字列もいつかはできあがる」

この仮説は「サルがタイプライターの鍵盤を無限回、打ち続ければ、いつかはシェイクスピアの作品が完成する」という例で紹介されることが多いので**「無限の猿定理」**と呼ばれています。

手元にPCがあればキーボードを見てください。キーは全部で100個程度でしょうか。このキーボードを適当に打ち続けて、とりあえず題名の「hamlet（ハムレット）」が出現する確率を考えてみましょう。偶然「h」が打たれる確率は100分の1です。その次に「a」が打たれる確率も100分の1。「hamlet」の6文字が並ぶ確率は下の式のように計算します。100分の1の6乗、つまり1兆分の1です。かなり小さい数ですが、ゼロではありません。

さあ、題名の次はいよいよ本文です。数万文字ありますが、計算方法は同じです。名作はサルによって、100分の1が数万乗した確率で再現されるのです。確率は限りなく低いけれど、決してゼロではない。つまり「ない」とはいえない「ある」です。

▼その確率は、ジャンケンのあいこが何回続く確率と同じ？

日常的な判断では、「無限の猿定理」くらい極端に低い確率なら、直感

$$\frac{1}{100} \times \frac{1}{100} \times \frac{1}{100} \times \frac{1}{100} \times \frac{1}{100} \times \frac{1}{100}$$

$$= \left(\frac{1}{100}\right)^6$$

＝1兆分の1

的に「ない」を選ぶ人が大半です。ジャンボ宝くじくらいの確率の低さだと、人によって判断が分かれます。その境目はどこなのか、どの程度の確率をどう判断するのか、その目安となる「ジャンケンであいこが続く確率」を紹介しましょう。

2人でジャンケンをして、あいこになる確率はおよそ33％です。そして2回目以降もあいこが連続する確率は次の通りです。

1回：33％　2回：11％　3回：3.6％　4回：1.2％　5回：0.4％

2回連続はほとんどの人が経験したことがあると思いますが、5回連続はどうでしょうか。0.4％の確率は、1000回に4回です。

確率についてこう考えます。「降水確率10％」で傘は持っていきますか？　でも、あいこが連続3回より多く、2回くらいの確率です。それなら実際に経験したことが「なくはない」ですね。または「1％」といわれたら連続4回程度。そうなると「なくはないけど、ない」とあきらめられそうです。このように、確率の数字を自分の経験に置きかえて考えるとちょっと違った見え方ができるようになります。

ところで、あなたは自動車と接触する交通事故に遭ったことはありますか？　僕は内閣府の「交通安全白書」にある年間の道路交通事故の発生件数に着目しました。

交通事故発生件数　47万2165件　負傷者数　58万850人

これは警察庁が把握した「交通事故」の数です（2017年中の発生）。これは自分にとって人生のリスクとなり得るのでしょうか。

僕の計算では、人生80年とした場合、日本で自動車事故に遭う確率は27・4％となりました。つまり「あいこが2回続く　11％」より高いのです。さて、あなた自身はこの後の人生で、どこまで交通事故をリスクと考えますか？　ちなみに、僕はこれまでの人生で、すでに3回の交通事故に遭っています。

数字ではなく「面積」で考える

見るだけで解ける、3ケタ×3ケタの計算法

3ケタと3ケタのかけ算をパッとできるものではありませんが、「面積で考える」と、意外と簡単に解ける場合があります。

「面積で考える」の違いを別の言葉に置きかえれば、「数と量の違い」ともいえます。さかのぼれば紀元前の数学では、文字式ではなく**平面図形で考え立証する「ユークリッド幾何学」**が発展していたので、面積や体積などの「量」でものごとを考えるのがあたりまえでした。計算も面積をイメージすることで、ハッとするほど明快に理解できる場合があります。例えば999×999の計算を暗算でできますか？

筆算で計算するにしても大変です。しかし、これは面積で考えるとまったく違う考え方ができるのです。「999×999」を1辺が「999」の長さの正方形と考えます。この正方形、各

辺を「1」ずつ伸ばせば「1000×1000」になります。これなら暗算でもできますね（図1）。
この面積で「999×999」に余分な部分が図2の斜線以外です。「1×1000」が2つですが、「1×1」が余分に重なっています。それらを式にして計算すると式1のようになります。

この「複雑なかけ算を面積で解く」方法を応用すると、58×46を計算することもできます。実際に、図を描いて解いてみましょう。式2のように解けるはずです。
幾何学的な「面積」で見て計算することと「数字」で計算することとを行き来すると、苦手と思っていた数学のイメージも「少しわかるかも」と印象を変えるのではないでしょうか。

式1　999×999
$=(1000\times1000)-(1000\times1)\times2+(1\times1)$
$=1000000-2000+1$
$=998001$

式2　58×46
$=(50+8)(50-4)$
$=(50\times50)+\{(50\times8)+(50\times[-4])\}$
$+\{8\times(-4)\}$
$=2500+200-32$
$=2668$

図1　999 × 999 を 1000 × 1000 に
おきかえて計算

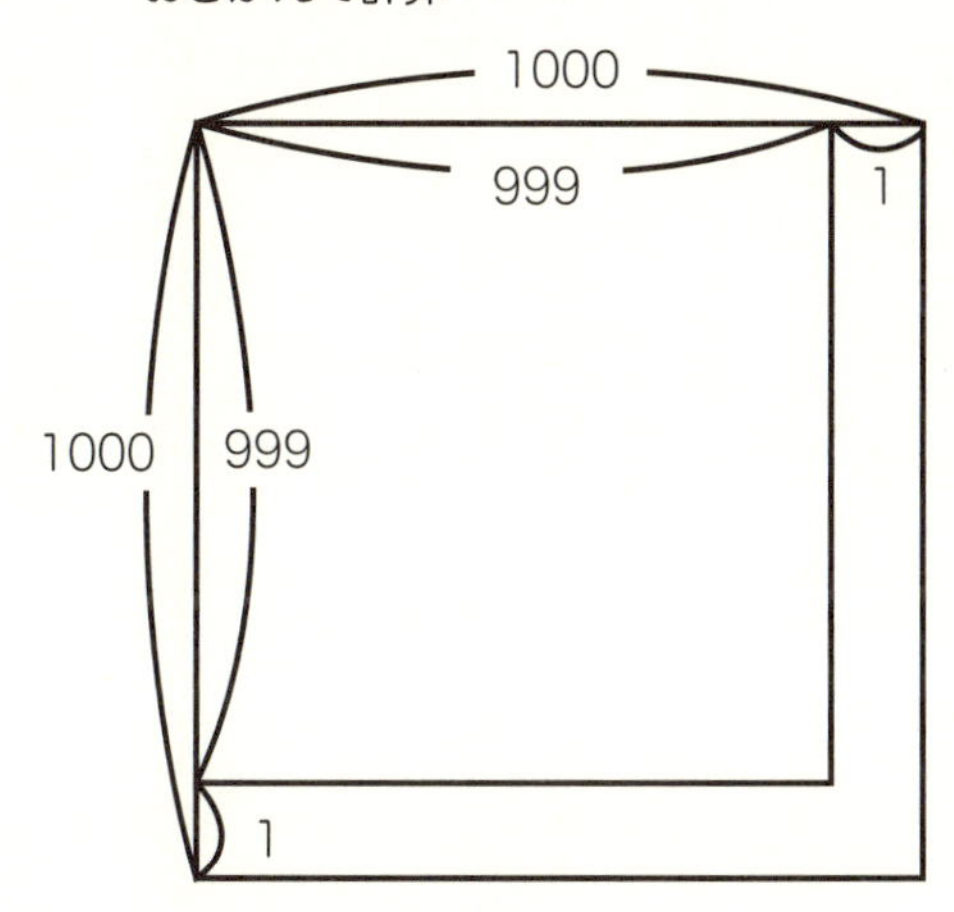

図2　余分な部分を引く

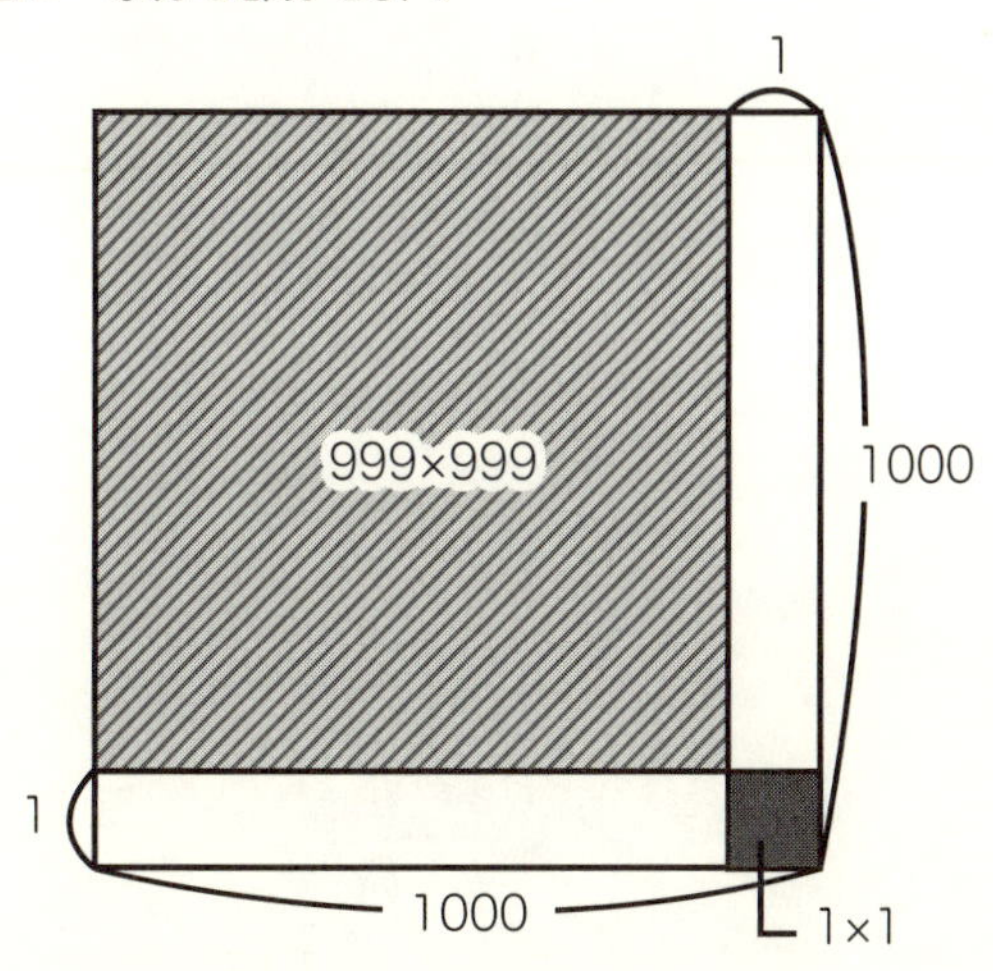

うるう年は気を付けて！

「13日の金曜日」が暗算でわかる方法

「あ！　今日、13日の金曜日だ！　なんか不吉……」と思った経験はありませんか？

実は、13日の金曜日は年に必ず1回から3回はあるのです。クリスマスや元旦より人生での経験回数は多かったのです。そうなると次の13日が何曜日か気になってきますね。

そこで、僕は簡単に曜日を割り出す方法がないかを考えました。カレンダーを見なくても「暗算」で曜日がわかる手法です。まずは、1月から12月まで、各月で同じ曜日の日を覚えます。それを基準に曜日を計算するのです。

覚えやすい4月から12月の偶数月は、ぞろ目で同じ曜日になる日です。

4月4日　6月6日　8月8日　10月10日　12月12日

これらと同じ曜日は、なんとあの日！
2月14日（バレンタインデー）　3月14日（ホワイトデー）

これでもう7つ覚えました。
今度は「語呂合わせ」で覚えやすい日を探しました。すると「セブンイレブン」の語呂合わせにかけて3つがあてはまります。
7月11日（セブンイレブン）　11月7日（イレブンセブン）
1月17日（イレブンセブンの変則系）

残りは5月、9月の2つです。5月と9月も、月日が逆さで同じ曜日です。
5月9日（ゴクウ）　9月5日（クウゴ）

これでコンプリートです。

同じ曜日一覧
4月4日　6月6日　8月8日
10月10日　12月12日
2月14日　3月14日
7月11日　11月7日　1月17日
5月9日　9月5日

次に、暗算で曜日を計算します。これは、例で紹介します。いまを4月20日（月）とします。そこから11月13日の曜日を割り出してみましょう。

まず、「4月4日」と「11月7日」は同じ曜日であることを確認します。

4月20日と4日は16日の差があります。1週間は7日なので、7の倍数で同じ曜日になります。14日前も同じ曜日、その2日前なので、（月↓）日↓土、4月4日は土曜日です。「4月4日」と「11月7日」は同じ曜日でしたね。

11月7日と11月13日は6日のズレ。6日後なので、（土↓）日↓月↓火↓水↓木↓金、11月13日は金曜日とわかりました。もしくは、6日のズレは7日後の1日前なので、（土↓）金と計算できます。

これで、4月20日から11月13日の曜日がわかりました。

なお、うるう年は1月と2月の基準日の曜日が1つ戻る（基準日が土曜日なら金曜日になる）ので注意してください。

パッと使えると意外に便利

5143、289……、ケタの多い数が「何で割り切れるか」一瞬で見抜く方法

「99は3で割り切れる」と、パッとわかりますが、「111は？」と聞かれると考え込んでしまいます。このように「この数が何で割り切れるか」パッとわかる法則があります。食事の割り勘、数の多いものの分配、大人数のグループ分けなど、覚えておくと一目置かれるでしょう。

1から9で割り切れる場合をそれぞれ見ていきましょう。でも「1」の場合はいらないですね。そして「2」は、末尾が偶数であれば割り切れるとわかります。では「3」から。

対象の数が3で割り切れる、つまり「3の倍数」かどうかを確かめる方法です。

「各位の数の和が3で割り切れれば、その数は3の倍数である」

確かめてみましょう。例えば、456だと次のようになります。

456 → 4＋5＋6 → 15 → 15は3で割り切れる

よって、456は3で割り切れる

確認　456÷3＝152

これは下のように証明できます。

他の数字は、法則だけ紹介します。

3で割り切れる数：各位の数の和が3で割り切れる

4で割り切れる数：下2ケタが「00」か4で割り切れる

5で割り切れる数：1の位が0か5

6で割り切れる数：1の位が偶数で、かつ、各位の数の和が3

3ケタの各位の整数「A＋B＋C」を3の倍数とすると、
「100A＋10B＋C」は3の倍数である。

$$100A + 10B + C$$
$$= (99A + A) + (9B + B) + C$$
$$= (99A + 9B) + A + B + C$$

99Aは「33×3×A」、9Bは「3×3×B」なので
3の倍数である。A＋B＋Cは3の倍数なので、
「100A＋10B＋C」は3の倍数である。

で割り切れる
7で割り切れる数：6ケタ以上でないと法則がありません
8で割り切れる数：下3ケタが「000」か8の倍数
9で割り切れる数：各位の数の和が9で割り切れる

この法則を使うと「割り切れる数」を作ることができます。「下3ケタが000なら8で割り切れる」を使えば「8253000」は「8253000÷8＝1031625」。「各位の数の和が9で割り切れるなら、その数は9で割り切れる」の例として「123456789」があります。つまり、この9個の数字をどう入れ替えても9で割り切れるのです。

1から9の数字を書いたカードを使い、「目隠しをして9で割り切れる数字を並べてみせよう」。これは、絶対失敗しない数学マジックです。

そもそも単位は、どうやって作られた？

誰もが使ったことがある街中の"あれ"は、1mで統一されていた？

私たちは日常的にさまざまな単位を使っています。長さを測ったり、重さを量ったり、時間を計ったりします。そしてその数値を他人と共有しています。それが可能なのは、単位が正確かつその根拠が揺るがないからです。しかしこの「根拠」とは何でしょうか？　あたりまえに使っている「単位のそもそも」を深掘りしてみましょう。今回は、特に身近な長さ、距離を表す単位について紹介します。

例えば「1m」。日常的に使っているようでいて、あらためて身の回りのものを測ってみても「1m」がなかなか見つかりません。僕が算数の教室でそういうと、5歳の生徒が、身の回りのあらゆるものを測って「1m」を探し始めました。そして「見つけたよ！」と教えてくれたのが「自動販売機のヨコ幅」だったのです。商品サンプルがヨコ列に10本並ぶタイプが、業界的にヨコ幅をほぼ1mに統一しているようです。他にもほぼ1mのものを見つけてくれたエピソードはありますが、一番印象に残ったのはこの話でした。

そもそも「1m」とはどのように生まれたのでしょうか。

必要は発明の母といいますが、「長さの単位」には歴史的な背景がありました。大航海時代を経て航海技術の発展、国と国との交流が進むと、世界各地で使われている単位の基準がバラバラのままでは不便となったのです。そこで、18世紀の終わり頃、フランスで単位の基準作りが始まりました。

「何を基準にすべきか」「測るたびに変わってしまうものでは困る」「不変なものを基準としよう」……。そこで選ばれたのが「地球」です。1795年、「地球の赤道と北極点の間を海抜0とした子午線の弧の長さの1000万分の1」を1mとしました。

そして、その「正確な1mの長さ」の基準を示す「メートル原器」が作られました。これは白金90%、イリジウム10%の合金で作られたものです。金属だから正確かというと、厳密には物質である以上、変化をします。

そこで1960年には、物質ではなく物理現象の値で1mの長さを定義づけることとなりました。さらに1983年には、より厳密、かつ正確な基準に見直し、次のように定義します。

「1秒の299792458分の1の時間に光が真空中を伝わる長さ」

これが現在の1mの基準となったのです。

正確な単位があればこそ、その数値を他人と共有することも可能です。「メートル法」という言葉を聞いたことがあるでしょう。長さの単位mと重さ（質量）の単位kgを基準とする世界統一の単位制度として制定されました。現在では「SI基本単位」に引き継がれ、「長さ（m）」「質量（kg）」「時間（秒）」「電流（A・アンペア）」「熱力学温度（K・ケルビン）」「物質量（mol・モル）」「光度（cd・カンデラ）」の7つの物理量の単位が定義されています。

いくつかは日常生活でもよく使う単位です。100mの距離感も、2kgの体重増も、30分の遅刻も体感的にイメージできますが、その大もとの単位は厳密で揺るぎない値なのです。

街中で自動販売機を見かけたら、ぜひ「1秒の299792458分の1」の定義を思い出してみてください。

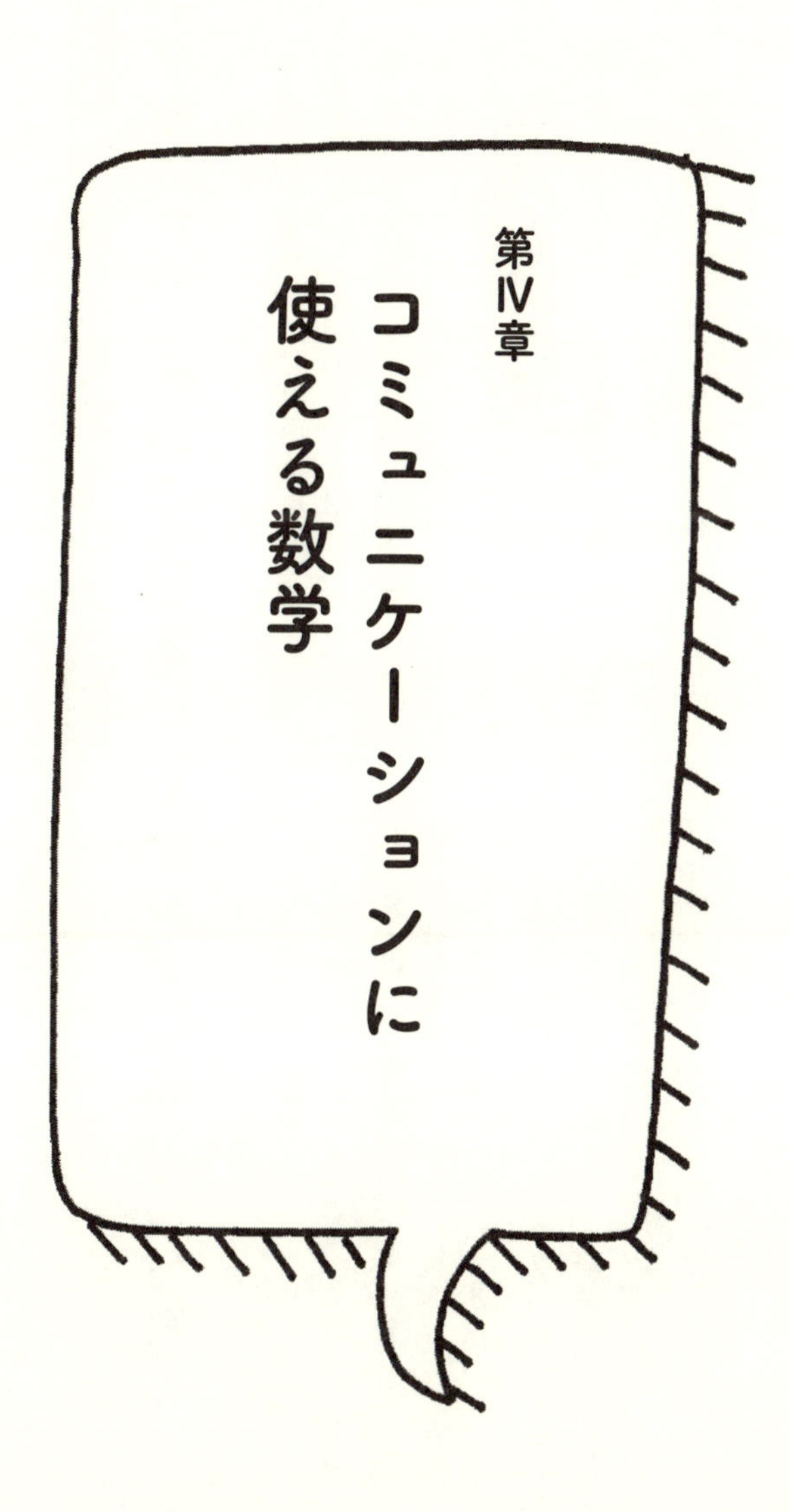

第Ⅳ章 コミュニケーションに使える数学

「素因数分解」を使いこなして、論理的思考に

モテる人がやっている「恋愛ロードマップ」を素因数分解

▼数学的にあつかう「データ」とは？

企業において組織運営や人材採用、マーケティングの分野などで「人と人の関係」「人の興味関心の推移」をデータから分析したり、そこからAI解析によるさまざまな仕事への活用の研究がなされたりしています。膨大なデータから人間社会の本質をあぶり出すような試みとして人間のハートの部分への数学的なアプローチが広がっているのです。

数学への苦手意識を持つ人にとって、「データ分析」は耳を塞ぎたくなるような言葉かもしれません。「顧客データを整理して」「今月の売上げデータをグラフにして」……。確かに、無味乾燥な数字の羅列に興味がわかないかもしれません。

でも、あなたは実はたくさんのデータを持ち、日々そのデータを分析して生活に活かしているのです。そのデータとは、あなた自身の「経験」です。

そこで僕は、もっと個人があつかえる数学的思考で、身の回りの人間関係をより良くしていく手法はないかと考えています。そのひとつとして性別や年齢、職業にかかわらず誰もが自分のこととして理解しやすい、「恋愛を数学的に考える」という試みをしています。

▼「恋愛データ」を数学的に分析する、とは？

ところであなたはモテますか？　聞かれても答えにくいものですが、誰もが自分が「モテる」「モテない」を主観的に答えることはできます。なぜなら、過去の経験（甘酸っぱい経験？　苦い経験？）を蓄積し、次の恋愛にはそれを思い出して対策を考えるから。それこそまさにデータの集積と整理であり、データ分析に基づく思考なのです。

しかし、「次こそは！」と思いつつ、同じことをくり返したり、意外な展開でハッピーになれたものの、その理由がわからなかったり……。それはなぜなのでしょうか？

それは「恋愛」を漠然と「大きなかたまり」で考えてしまっているからです。僕がここで提案するのは、「恋愛」を「恋愛要素」に分解し分析する手法です。使うのは、**「素因数分解」**です。「因数って何だっけ？」と悩むなら「要素」と言葉を置きかえてもいいでしょう。

数学的に説明すると**「ある整数に対して素数のかけ算になるまで分解すること」**です。**「素数」とは、「1とその数だけしか割り切れない数のことで、2、3、5、7、11、13……など」**です。

例えば「18」を素因数分解すると、下のようになります。

「18」という数字は「2」と「3」の要素で構成されていることがわかりましたね。

これと同じように、素因数分解の、「かたまりを要素に分解して観察する」という考え方を恋愛の分析に用います。「恋愛」を「要素」に分解するには「何を要素にするか」の視点が大事です。僕は、恋愛を次のように素因数分解的分析します。

恋愛＝「出会い」×「告白」×「デートへの誘い」×「デート」×「関係維持」

これらの要素を、より細かく分析してみましょう。僕は、次のように「得意」と「苦手」を分けました（マイナスはないものとします）。

$$18 = 3 \times 6$$
$$= 3 \times 3 \times 2$$

「出会い」は？

◎出会いが多く、出会う場所（学校、ＳＮＳ、紹介）も豊富
○出会いは多いが、ほとんどが１か所経由だ
△ほとんど出会わない

「告白」は？

◎自分の気持ちを相手にも伝わるように言える
○自分の気持ちをまっすぐ伝えられる
△なかなか言い出せずに時間だけが過ぎる

「デートへの誘い」は？

◎いつも話す仲で、その延長で誘うことができる
○いつも話す仲だがデートを誘う雰囲気になりにくい
△話をしないし、デートにも誘いにくい

「デート」は？

◎相手を楽しませることができるし、自分も楽しい
○片方が楽しいけど、どちらかが気を使っている
△ぎくしゃくしがち

「関係維持」は？

◎デートや、電話、ＬＩＮＥを頻繁にする

○デートを比較的よくするが、それ以外は特に連絡を取り合わない
△デートは月に1回で、連絡をあまり取らない

▼式に当てはめて分析してみよう

分解した要素の「◎○△」を「恋愛の素因数分解」の式に入れてみましょう。すると自分のトータルの恋愛度が見えてきて自己分析ができます。次のような例を見てみましょう。

A＝「出会い○」×「告白△」×「デートへの誘い○」×「デート◎」×「関係維持◎」
B＝「出会い◎」×「告白○」×「デートへの誘い◎」×「デート○」×「関係維持△」

Aを分析すると、付き合ってからの積極さに比べ、出会いから告白までの主導権の弱さが見えてきます。一方、Bは、最初の自分の盛り上がりに比べ、付き合い始めてからの淡泊さという差が分析でわかります。

また、もしもどれかの要素が「ゼロ」の場合、例えば「告白」がゼロだったら、他の要素が「◎」

でも全体の式＝その人の恋愛は「ゼロ＝失恋」となります。ゼロにゼロをかければゼロだからです。または、告白が「△」でも他の要素が「◎」なら大恋愛になる可能性は十分にあります。

さらに、要素への分解は、しすぎてもいいのです。例えば、「デート」を「準備や計画での相手とのコミュニケーション」や「現地でのスムーズなナビゲート」で分解するのもいいでしょう。細分化することで、新たな要素が見つかるかもしれません。逆に何も見えなかったら元の「デート」のくくりに戻してしまえばいいのです。

恋愛を要素で分解し、自己分析する、するとその中の自分の強みや弱みに加え、相手とのかかわりの度合も客観的に見えてきます。「モテる人」とは、自らのデータをこうして分析し、恋愛の過程を俯瞰(ふかん)することで「モテる恋愛のロードマップ」を作れる人だったのです。このようにして分析すると、今後の恋愛対策が見えてきませんか？

「因数分解」を使いこなして、論理的思考に

モテる人のモテる理由がわかる「恋愛要素」を因数分解

▼理想のデートを因数分解で考えてみよう

素因数分解の次は**「因数分解」**です。因数分解と聞くとカッコで閉じたり開いたりする計算をたくさんやった記憶がよみがえるかもしれません。例えば下のような式です。

素因数分解は、数字のかたまり（18）を素数（2×3×3）に分解しましたが、因数分解は足し算のかたまり（$ab+b$）を要素のかけ算（bと$a+1$の2つの要素）で表しています。何をしているかというと、複雑な式を共通の要素（b）でまとめることで整理するという考え方です。

前項では恋愛を素因数分解することで、恋愛傾向を分析しました。今回は、理想

$$ab + b = b\,(a + 1)$$

の恋愛を実現させる条件を因数分解的分析で見つけだします。

「デート」には食事やレジャー、サプライズなプレゼントなど、さまざまな要素があります。デートという「かたまり」を式で表してみましょう。

デート＝「食事」＋「レジャー」＋「プレゼント」

これを「理想のデート」にしてみましょう。

理想のデート＝「星付きのレストラン」＋「有名旅館に宿泊」＋「高額ブランド品」

次に「理想のデート」を成就させる条件として、各要素を分解します。

理想のデート＝（食事×資金力）＋（レジャー×資金力）＋（プレゼント×資金力）

共通の要素を見つけて因数分解します。

理想のデート＝資金力（食事＋レジャー＋プレゼント）

つまり、理想のデートを実現する必須要素は「資金力」であることがわかりました。……お金がすべてではないので、納得しかねますね。さらに深掘りしましょう。

ここで抜き出した「資金力」は係数と呼びます。冒頭の「b（a＋1）」の「b」です。係数の値が大きくなれば全体の値も大きくなりますから、「資金力」が大きければ大きいほど、「理想のデート」の満足度が高くなるのは当然です。

この「資金力」を別のものに置きかえてみましょう。例えば、「こだわり」や「相手の好みのリサーチ」としてみてください。どんな「理想のデート」ができそうですか？

▼他にも恋愛を因数分解してみよう

次は「出会い」を因数分解してみましょう。出会いのきっかけには「SNS」「趣味」「紹介」

などがあります。相手との出会いを式にしてみましょう。

出会い＝「SNSのフォロワー」＋「共通の趣味の人」＋「紹介された相手」

この「出会い」を「理想の出会い」にしたい。運命の人と出会う確率を上げるために「人数の多さ」に各要素を分解します。そして、それを共通項でくくりましょう。

理想の出会い＝「SNSのフォロワーの人数が多い」＋「共通の趣味の人の人数が多い」
＋「紹介された相手の人数が多い」

理想の出会い＝人数が多い（SNSのフォロワー＋共通の趣味の人＋紹介された相手）

要は知人・友人の人数が多い人、つまり周囲とのコミュニケーション能力が高い人ほど理想の出会いが待っていることがわかります。そして係数「人数が多い」の要素は変えられます。例えば「仲の良い」「付き合いの長い」など。そうすると出会いの質が変わってきますね。

このように「理想の恋愛」は、一見、数や量が結果に直結しているようでいて、何を共通要素にして因数分解するかでデートや出会いの質を高めることができます。因数分解の考え方を使えば、恋愛成就に役立てることができるのです。

「素因数分解」と「因数分解」を使いこなす

できる大人が無意識にやっている「仕事の超効率化」を因数分解

▼次は、ビジネスの人間関係を因数分解

人間関係は数字で表しにくいため、数学的な分析が難しいとみられがちです。しかし、「因数分解的分析」を使えば、コミュニケーションを分析し、より良い人間関係を築くことができる可能性も見えてきました。

整理すると、因数分解的分析のポイントは２つです。

①かたまりを要素に分解する

②各要素を共通する要素でくくる

では、この因数分解的分析をビジネスシーンでも応用できないか考えてみましょう。ビジネスの現場では、「上司（部下）との職場関係」「取引先（営業先）との交渉」「顧客とのやり取り」など、さまざまなシーンがあり、課題もありますが、因数分解的分析で状況を改善していくことが可能です。

例えば顧客営業は、精神論で語られることが多い現場です。「根性で行け！」「成果が出るまで帰って来るな！」「熱意が伝われば何とかなる！」……。ベテラン上司、実績のある先輩からそういわれれば、自分の努力が足りないと反省しそうです。でも本当にそうなのでしょうか？

業務を精神論で因数分解的分析をしてみます。

精神論の営業＝「やる気」×「飛び込む勇気」×「めげない根性」×「顧客を大事にする」

……これでは、実際に何をしたらいいのか見えてきません。もちろん、やる気や根性も大事です。しかし、たとえうまくいって利益を伸ばしても、どこかでムリが出たり、あなたの成功体験にならなかったりします。必要なのは、「仕事」というあやふやで「大きなかたまり」を因数分解して分析することです。
それでは、営業のゴールを信頼関係の成立として考える、「理想の営業」で考えてみましょう。

理想の営業＝「出会いの印象」×「コミュニケーション頻度」×「理解度」×「共通の利益」

「出会いの印象」をよくして「コミュニケーション頻度」を増加、「理解度」アップで、相乗効果が期待できますね。さらに、相手側とこちら側の共通の利益を追求できると、お互いにムリが生じない理想の営業ができそうです。

▼できる大人の仕事術を因数分解でさらに深掘り

もっと分解してみましょう。例えば、「理解度」。何に対しての理解なのか、深掘りします。「顧客のニーズ」（要求・課題）、相手の会社だけでなく「業界の課題」、会社の経歴だけでなく「経営者の方針」など、アンテナをはると「理解度」の要素が細分化できます。

理想の「理解」＝「顧客のニーズ」＋「経営者の方針」＋「業界の事情」

分解するほど、「するべきこと」もだんだん見えてくるのではないでしょうか。次は、実際に理解度を高める具体的な行動を因数分解していきましょう。

これらの要素を「解決したいこと＝課題」でそれぞれ分解します。

理想の「理解」＝「顧客×課題」＋「経営者×課題」＋「業界×課題」
＝課題（顧客＋経営者＋業界）

ここまで整理すると「理解」は（顧客＋経営者＋業界）の課題を知ることだと見えてきましたね。課題がわかるほど、顧客のニーズをつかむことができて、経営者の方針によりそうことができ、さらに、業界の抱える事情を解決することができるのです。あくまで一例ですので、自分の思う理想の仕事をイメージして因数分解をやってみてください。

最後に、対面販売やカスタマーサービス、飲食店などの「対人」のビジネスシーンでは、クレーム対応が社会問題にもなっています。顧客に提供したサービス（製品）で喜びの評価が上がらず、苦情が出るのは本望ではないはずです。それ以外で、クレームがなぜ起きるのか、因数分解してみましょう。理由のない理不尽なクレームはひとまず含まないでおきます。

クレーム＝「顧客課題の無理解」＋「顧客と提供サービス（製品）のズレの無理解」
＋「説明不足の無理解」
＝無理解（顧客課題＋顧客と提供サービスのズレ＋説明不足）

この「無理解」を「理解」へと変えれば、相手の感情を逆転させることが期待できます。つまり、クレームの見方を変えると、苦情がお礼に変わるかもしれません。

運命をたぐり寄せる「秘書問題」

10人付き合うとしたら、結婚相手は4人目以降を選ぶのがベスト？

人生の大きな決断のひとつに結婚相手、パートナー選びがあります。「30歳までには結婚したい」「この先、もっといい人が現れるんじゃないか」「理想が高いわけじゃないけど、この人に決めきれない」など、決断に迷うものです。そんな結婚相手を数学的に割り出すことができます。

実は、**「秘書問題」**といわれる、最適なパートナーの選び方があるのです。簡単に説明すると**「生涯付き合うであろう人数を「１００」とした時、「36」までで出会った一番良い人よりも理想的な人が「37」以降に現れた時に、その人と結婚すればよい」**というものです。秘書問題の証明には、数列や対数、積分を使いますので、今回は応用の仕方を紹介します。

例えると、次のようになります。「現在の年齢を20歳とします。30歳までに結婚したければ、前半に出会うパートナーの36％の人は見送ります。それまでに出会った一番いい人よりも理想的

な人が37%以降に現れたら結婚に最適」といえるのです。

ここまで説明を聞いて、疑問を持たれる人も多いと思います。「付き合う人数全体がわからないから、そもそも37%以降を選ぶことができない」「前半の36%までの人がどんなにいい関係でもふらなければならないのか」と。

秘書問題のポイントは2つあります。ひとつは、「判断のつかないうちに選ばず、まずは判断基準を養う」。もうひとつが「判断基準にそう人が現れたら、自分の最適な人といえる」です。

このポイントを応用して、次のように考えてみてはいかがでしょうか。

●婚活などで、出会った人数の最初の36%の人は見定めて、37%以降で理想の人を探す

●現在20歳で、一年に一人は出会いがあるとして、30歳までに

は結婚相手を見つけたい。そうしたら、23歳（10年間の前半の36％）までの人は見送り、24歳目以降で、23歳までのなかで一番いい人を超える人と出会えたときに結婚相手にする

このように、自分で出会いの期間の範囲を100として、その中で37％以降を想定してもいいのです。ただし、37％以降の相手が申し出を受け入れるかどうかは不明なので注意してくださいね。

この秘書問題を結婚相手ではなく、他にも応用してみましょう。例えばバッグが欲しいと思い、売り場やショップを見に行くときに、「衝動買いは禁物。10か所見るなら最初の3か所でどんないいバッグがあってもあきらめる」は、それなりに有効なアドバイスになるでしょう。

このように、数学の知恵は、何をどこまで拡大して使うと役立つのか、それをどう判断すると自分の利益になるのか、その都度、考えることで、判断に使えるものなのです。

人間関係を「集合」で表すと……

「人間関係の距離の縮め方」を和集合でひもとく

▼人間関係を客観的に見る方法がある？

「職場でコミュニケーションがとれない」「友人に気持ちを伝えるのが苦手」「好きな人といつまでも距離を縮めることができない」と悩んだことはありませんか？　むりに話しかけると、相手に「自己主張を一方的にされている」「急に距離を縮めてきた」と見られているかもしれません。

そうならないように、自分と相手の人間関係を数学的視点でひもとき、円滑に距離を縮める方法を紹介します。

ここで登場するのが**「集合」**で、図1のように表したものが**「ベン図」**です。ちなみに考案者である英国の数学者ジョン・ベンの名に由来します。

集合の考え方を使って、ひととなりを表してみましょう。例えば、A（あなた）は、寝るのが遅い夜型で、休日は漫画を読んだり、映画を観たりする。ネコが好きで2匹飼っている。……など、人をさまざまな要素で表すことができます。

次に、集合を使った相手と関係性を築く5手順を紹介します（図2）。

①最初は2つの○が離れた状態。お互いの「違い」を「個性」として列挙していきます。相手に興味をもって話を聞いて、個性を見つけましょう。自分の知ってもらいたい面や相手との違いを伝えます。ここまでは一方的な自己主張であることを認めましょう。

②相手とコミュニケーションをとると、次第に音楽や食事の嗜好、ネコが好きなど、お互いの共通部分がわかってきます。

③今度は、2つの重なり部分、「A∩B（かつ）」に注目します。「共通する部分が多い」「共通する部分を大事にしながら互いの個性も尊重できる関係性」をアピールします。

④さらにコミュニケーションをとると「A∪B（または）」へ展開していきます。これまで自分が知らなかったけれど相手の要素に興味を持ち、同じように、相手の知らない自分の要素をアピールして、「知らない事柄も互いに興味や関心を広げていける」と強調します。

ちなみに、「A∪B」では、次のような演出も可能です。楕円を2つ左右違う向きに描き、一

図1　集合

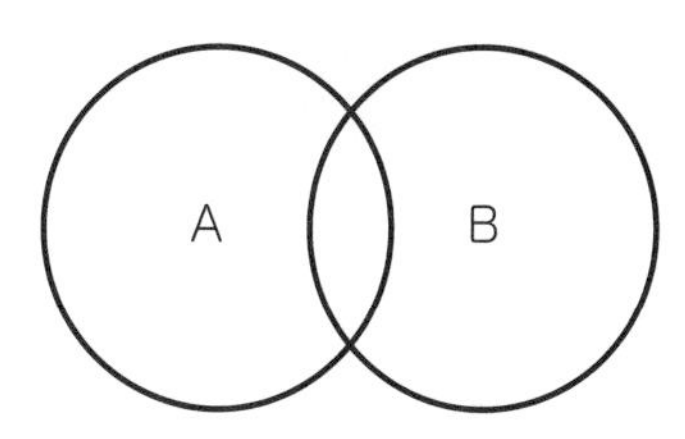

A の要素を持つ集合 A と B の要素を持つ集合 B

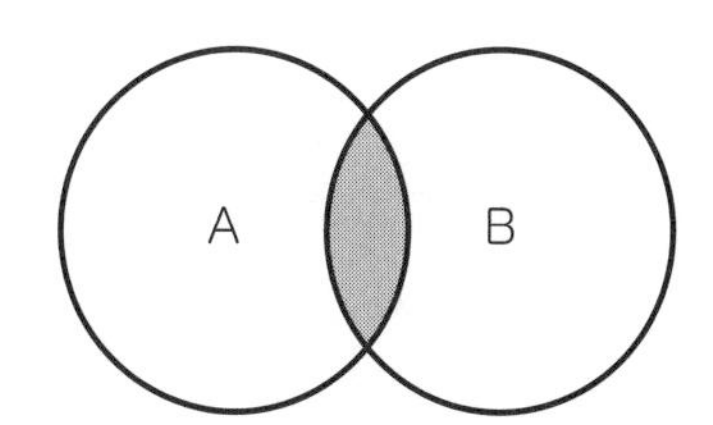

A と B の重なりの部分を「積集合」といい、
A ∩ B（A かつ B）と表記する。

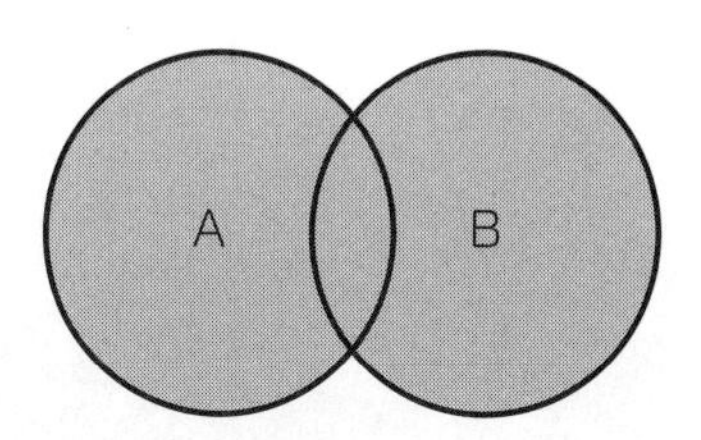

A と B のいずれの要素も合わせ持つ集合を「和集合」
といい、A ∪ B（A または B）と表記する。

層の「違い」を強調します。そして楕円の下部を大きく重ねて「A∩B」から「A∪B」へと塗りつぶすと、そこにはハートのマークが現れるのです。

数学好き同士であれば「僕と和集合の関係でお付き合いしてください！」といえば、うけると思うのですが……、正直、あまりおすすめできません。「僕とハートの関係を形づくりましょう」は、いかがでしょうか？

図２　関係を縮める方法

①

②

③

④

「集合」がわかると会議のムダが見えてくる

3人以上になると、とたんに会話が苦手になる理由

▼2人の会話では、何が起きている？

「3人寄れば文殊の知恵」といわれますが、実際に経験したことはありますか？　むしろ意見がまとまらず、知恵が生まれるどころか、もつれあって知恵の輪状態に陥りかねません。また、1対1であれば、会話や意見交換がわりとスムーズなのに、3人になったとたん発言しにくくなるという経験はありませんか？

2人から3人。ちょっとした変化のように思えますが、前項で説明した「ベン図」を使ってみると、関係性が急激に複雑化するのが見えてきます。

あなた（A）1人を表すと、人との関係性は「0」ですが、あなた自身の要素を示すことができるので「1」とします。そこに相手（B）が登場すると関係性は3つに増えます（図1）。※「和集合」と「AとB以外の要素」（補集合）は除きます。

1：自分A　　2：相手B　　3：自分Aと相手Bの共通部分

自分では、**3**の部分で相手とスムーズに話しているつもりでも、実は「相手Bの知らない自分の話をしていた」「相手Bが嫌う話をしてしまった」など、起こりうるのです。

▼3人の会話では、何が起きている？

では、さらに、相手がひとり増えて3人になると、どうなるのでしょうか（図2）。

1：自分A　　2：相手B　　3：相手C　　4：自分Aと相手Bの共通部分
5：自分Aと相手Cの共通部分　　6：相手Bと相手Cの共通部分
7：自分Aと相手Bと相手Cの共通部分

いきなり7つの関係性が同時進行しました。はたして、このやり取りを理解できるでしょうか？

図1　2人の関係性をベン図で表す

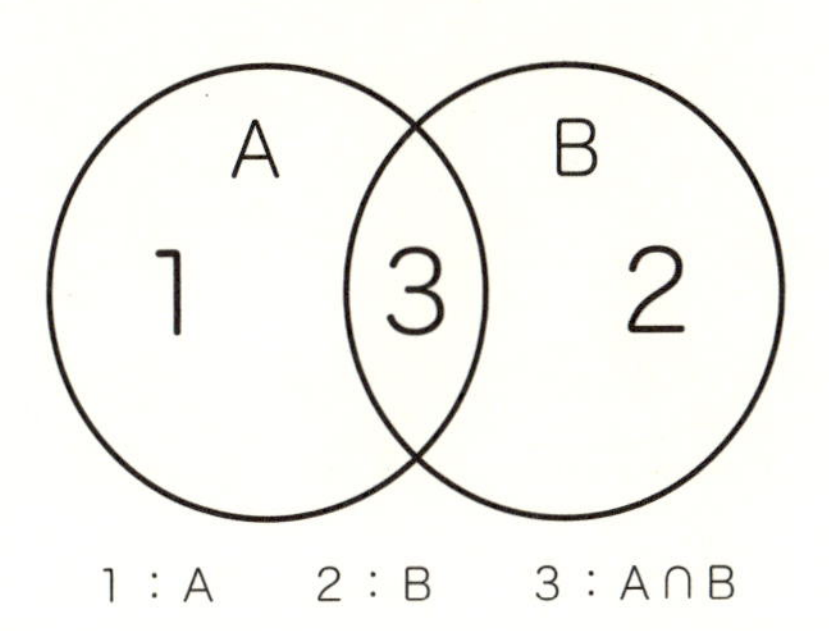

図2　3人の関係性をベン図で表す

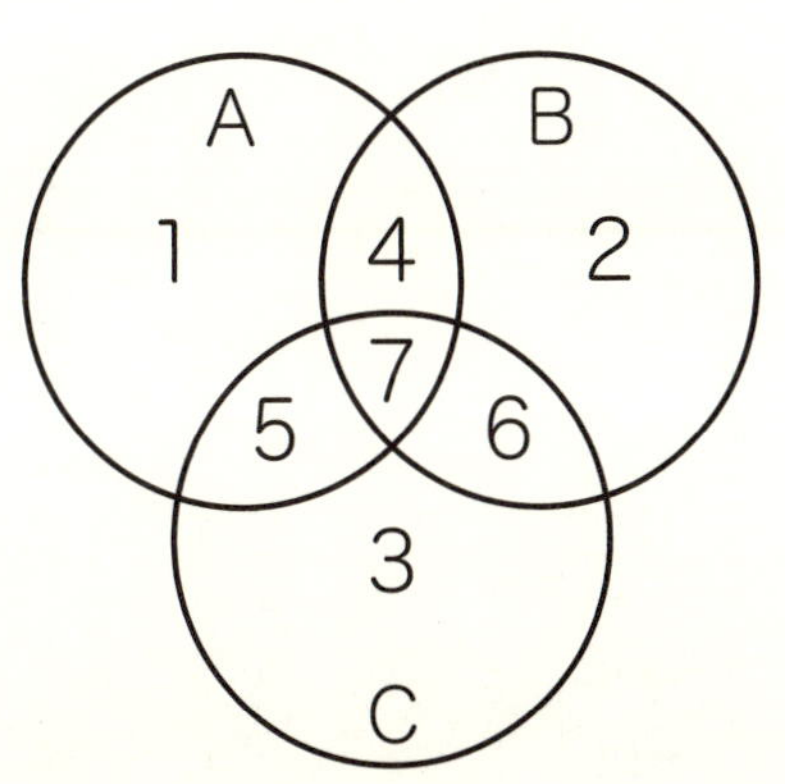

もしかすると、自分Aの知らないところで相手BとCで話が進んでいるかもしれません（**6**）。3人でスムーズに話しているつもり（**7**）が、実は、相手Bは理解しておらず、**5**になってしまっているかもしれません。このように関係性を客観的に見えていないとズレが生じるのです。

また、3人以上になると会話が苦手になる人がいます。それは、自分では知ることができない関係性（**2・3・6**）が同時に進行するため、「あの人は何を考えているのか」「自分の発言はどの関係性にあたるのか」など、考え込んでしまうようです。

ベン図では、このように配慮の必要性を教えてくれます。参考までに、4つの集合のベン図をお見せしましょう。人間関係はいっきに15に増えます。

ところで、次の会議は何人でやる予定ですか？

4人の人間関係

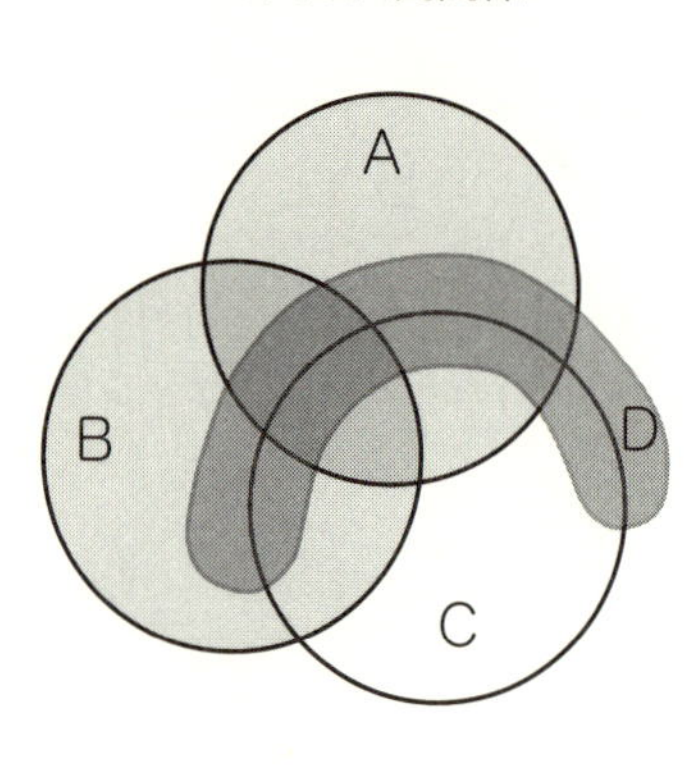

第V章

思わず試したくなる数学

頭の中で補助線を引いて試してみて

丸いケーキをきれいに3等分する方法

円の2等分は半分に、4等分は十字に切ればいいのでやりやすいですね。では、3等分、6等分はどのように切り分けますか？　ケーキやピザなど何かを分け合って食べるシチュエーションでは円を等分する機会が多いため、円を3等分にできるようにしておきたいところです。

図1の丸は、ピザやケーキを上から見たものと考えてください。これをほぼ正確に3等分する方法を説明します。それには各120度の扇状にする必要がありますが、どのような目安をつければいいのでしょうか。

丸を3等分するためには、図1の①のように、まず縦に4等分の目安をイメージします。そして、中心まで半径を切る（②）。次に中心から4等分の線と円周の交点まで切っていきます（③）。するとこの扇の角度は、4等分2本目の線までの90度と3本目の30度を足した120度となるのです。これで円をほぼ正確に3等分できます。

これでうまくいくの？　と思う人もいるかもしれません。実際にやってみると、意外とうまくいくので、試してみてこの方法の使い勝手の良さを実感してみてください。

ちなみに、6等分であれば半径で止めずに直径まで切ればいいわけです（図2）。

図1　ケーキをきれいに3等分する方法

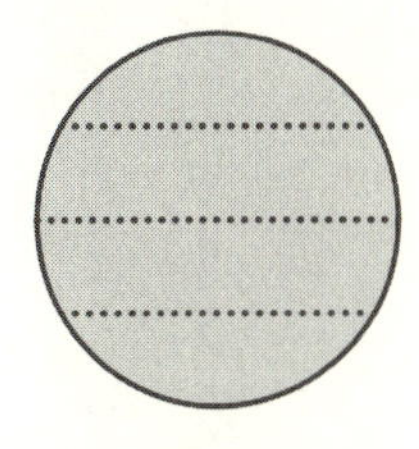

①縦に4等分される線を想像する

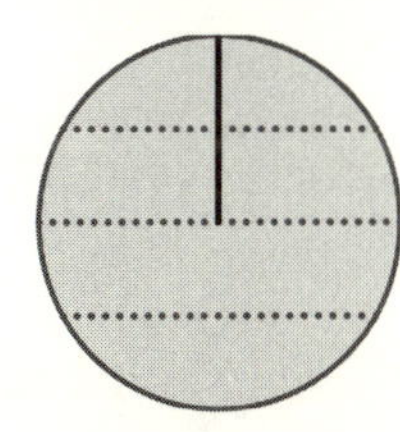

②中心まで、縦に切る

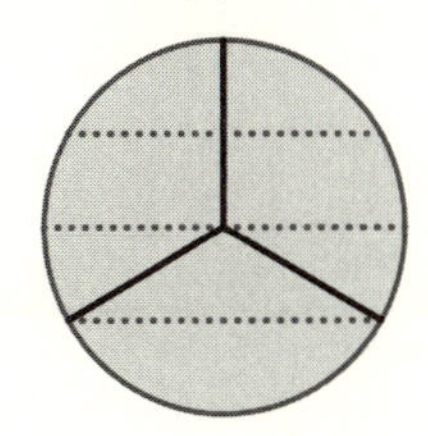

③4等分される線にむかって切る

図2　ケーキをきれいに6等分する方法

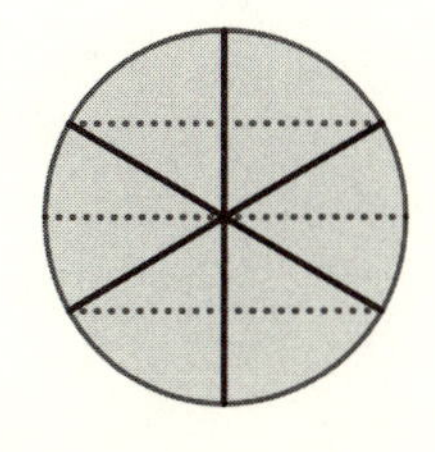

3等分する方法の③のときに直径で切る

ホールケーキより難しい

正方形のケーキをきれいに3等分する方法

図形の等分問題は、「大きい」「小さい」ができてしまい、食べ物がからむとケンカのもとになる傾向があります。それは円だけでなく、正方形でも起きるのです。

図1の正方形は、上から見たチョコレートでコーティングしたケーキだと思ってください。正確に3等分するのにはどうすればいいのでしょうか？　円と違って正方形なら目分量でもほぼ均等な長方形3つには切れそうだと思うかもしれませんが、タテかヨコに長方形に3つに分けては、チョコレートのコーティングが不公平になってしまいます。これは、大問題です。

側面の割合を同じにしたい。実は、このチョコレートへのこだわりを解決する、正方形を3等分するアイデアがあります。

まず、正方形の周の辺に、「1辺と3分の1辺」を2つと「3分の2辺を2つ」を目安にします。次に正方形の対角線から中心をイメージします。その中心に向けて各辺の端から切り分けます

図1　チョコケーキを3等分する方法

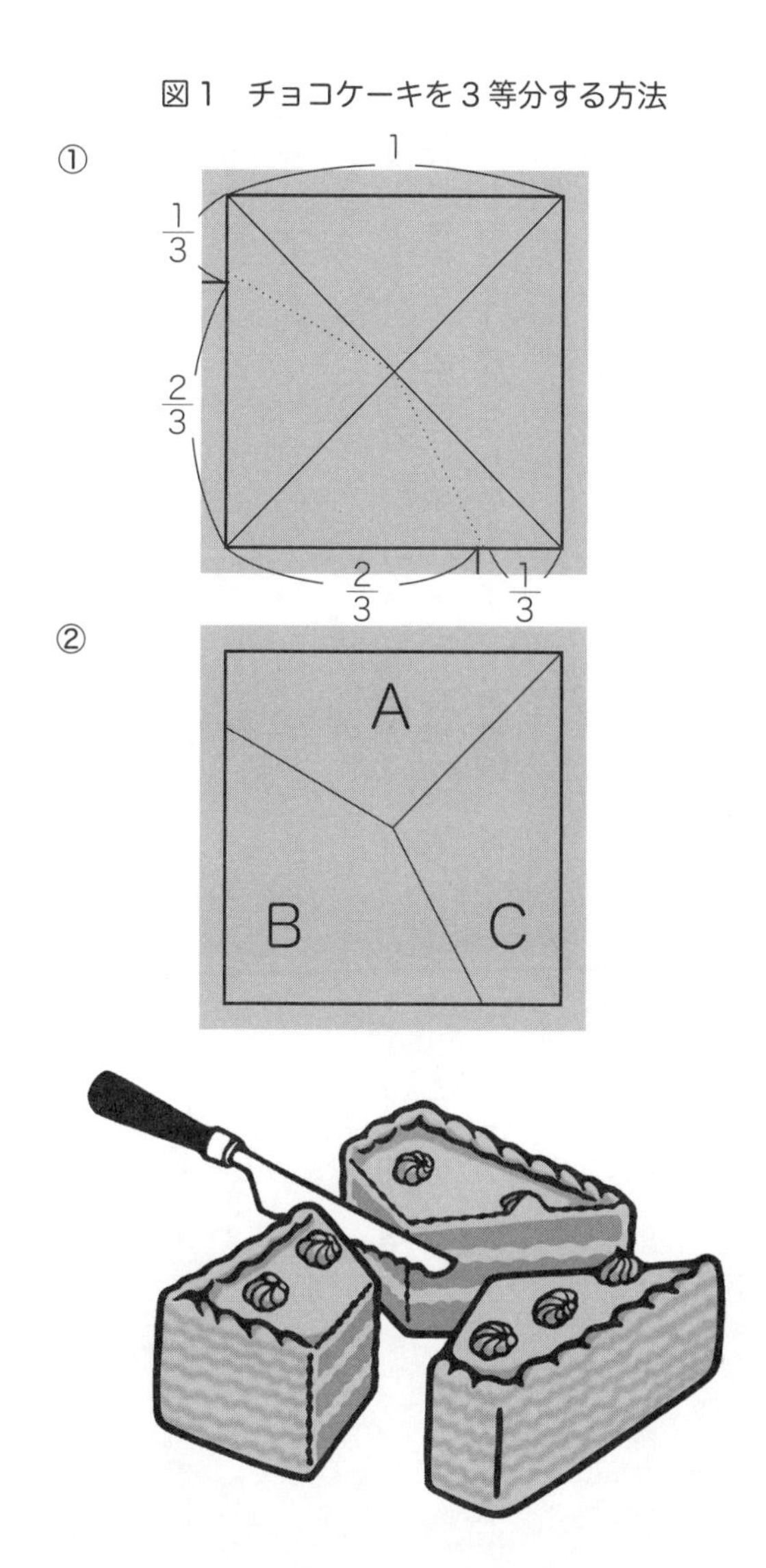

（図1）。これで3等分になりました。

なぜ、これで3等分になったのでしょうか。

正方形の対角線と切り分けた線を見ると図2のように6個の三角形が見えてきます。これを同じ線上に並べてみると6個の三角形はすべて同じ高さであることがわかります。図形A、B、Cの面積を見てみましょう。

A：三角形①　底辺1　＋　三角形②　底辺3分の1　↓　3分の4
B：三角形③　底辺3分の2　＋　三角形④　底辺3分の2　↓　3分の4
C：三角形⑤　底辺3分の1　＋　三角形⑥　底辺1　↓　3分の4

底辺の長さが同じで、高さも同じなので、A、B、Cの面積が同じであることがわかりました。

このように正確な3等分ですが、切り分けたケーキは「同じ大きさ」には見えないのが新たな問題となります。その時は、三角形に直して、証明して説得してみてください。チョコレートのコーティングがとけてしまわないうちに。

図２　なぜ、チョコケーキが３等分になったか

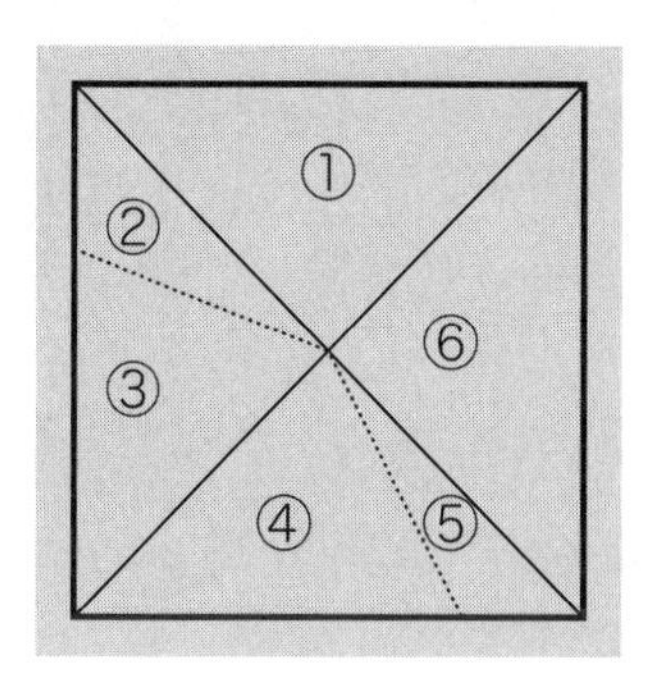

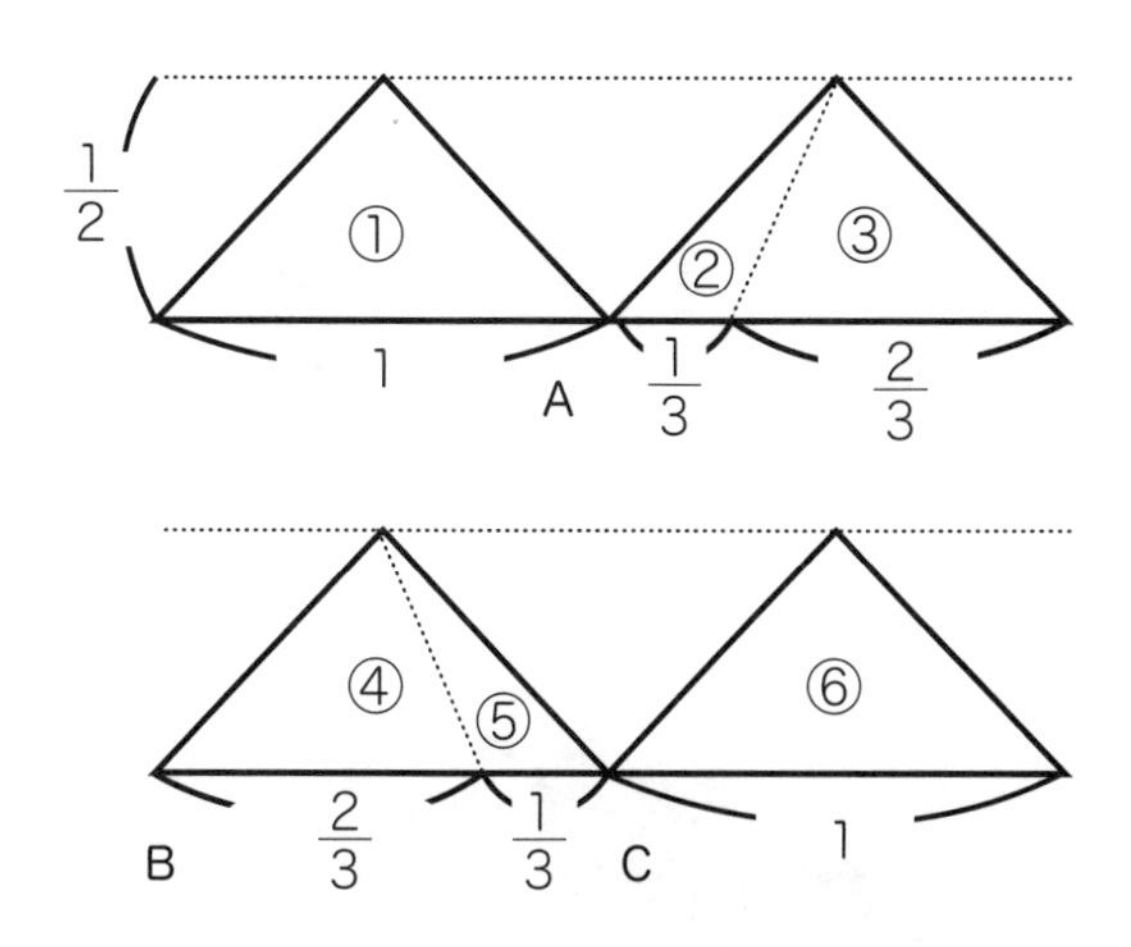

「論理的思考」で、平和になる

これでもうケンカしない!?
羊羹の切り分けを「感情的に納得する」方法

本書を読み進めていくうちに、人間関係や判断に数学的手法や考え方を利用することで納得感が増すことを感じていただけたのではないでしょうか。

もうひとつ「なるほど」と実感させる手法を紹介します。数学的思考が働いて、感情的な納得感を生じさせるものです。

AとBの2人で1本の羊羹を食べようと思います。定規等の計測をせずに、AとBの2人が納得できる2分割をするにはどうしたらいいでしょうか？　数学的に納得する分け方は、次の3つの手順を

踏まえるといいのですが、なぜ、納得するのかも考えてみましょう。

①包丁を使って2分割する人をジャンケンで決める。これをAとする
②Aが自分で決めた所に包丁を入れ、2分割する
③Bは、自分が欲しい方の羊羹を選ぶ

切り分ける人と、選ぶ人を別にしたのがポイントです。切ったAは切り分けた2つのどちらが自分の分になっても文句なく半分という納得感があります。一方、Bにも自分が欲しいと思う方を得られた納得感があるのです。これを僕は**「感情的な2等分」**と呼んでいます。

2つに分けられた羊羹は、実際には正確な2等分ではないかもしれません。でもAは「切る主導権」に納得しています。Bは切る主導権はありませんが、「先に選ぶ権利」に納得しているのです。

3人（A、B、C）で分ける場合は、どうなるのでしょうか。これも**「感情的な3等分」**をすることができます。

①切り分ける人をジャンケンして決める。今回は、Aが切り分ける
②Aは、自分で決めた所に包丁を入れ、2分割する
③Bは、自分が欲しい方の羊羹を選び、Aは残りの半分を手元に置く
④A、Bそれぞれが、自分の手元にある半分の羊羹をさらに3分割する
⑤Cは、AとBが3分割した羊羹からそれぞれ1つを選ぶ

これにより、「6分割」した羊羹がそれぞれ2切れずついきわたることになります。

ここでも3者に異なる役割を与えたことがポイントです。AもBも自分が切り分けた6分の2に納得しています。Cも自分が選んだ6分の2に納得しています。ここでも感情の3等分は成立しました。

この手法には、数値的な正確さは存在しませんが、感情という共通の物差しが3者に納得感を与えています。数学的思考は、人と人の感情の天秤を釣り合わせることもできるのです。

羊羹を納得して切り分ける方法

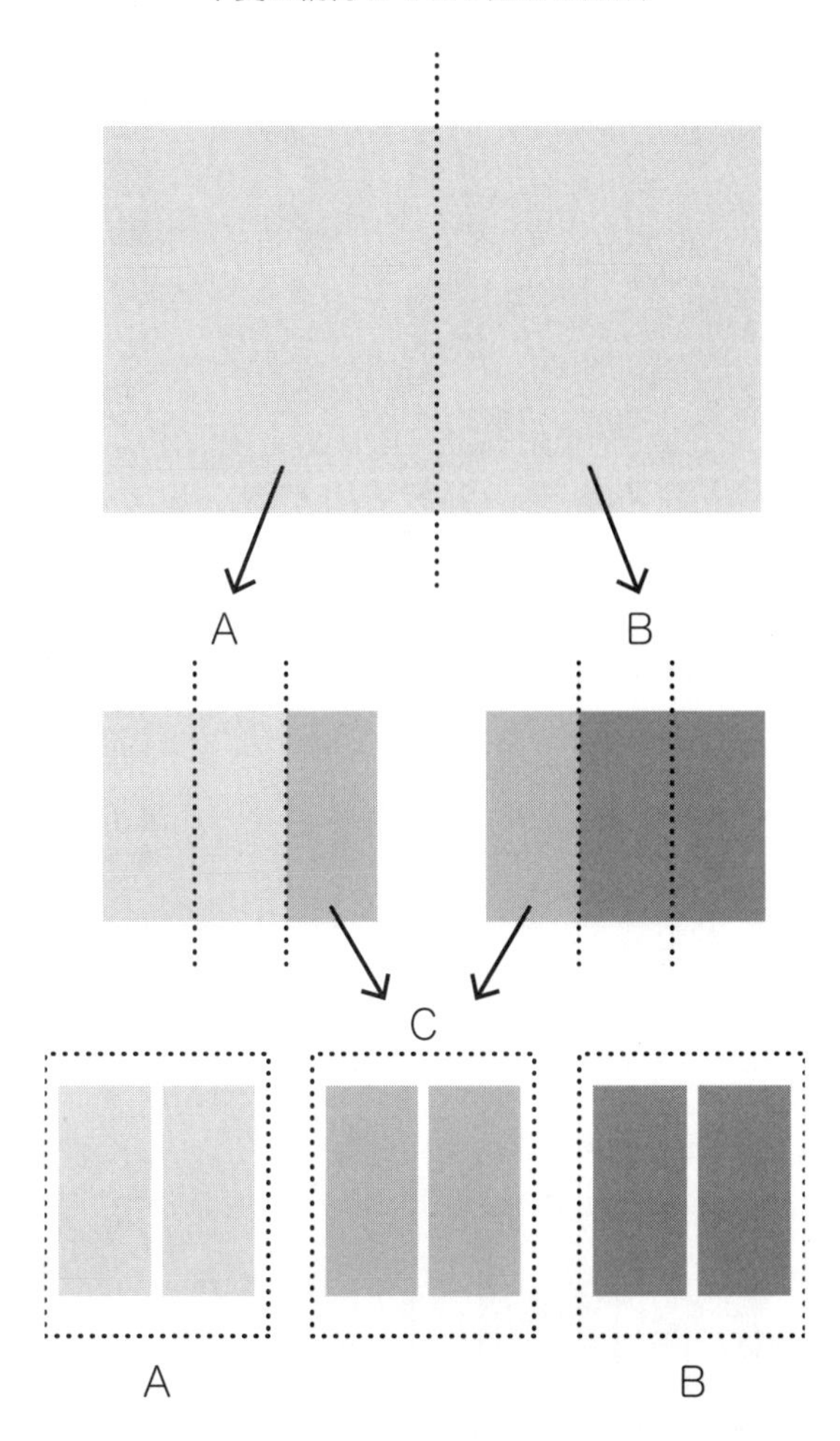

「ルート」がわからなくても解けますよ

子どもは解けるのに、大人は解けない数学クイズ

頭の体操をしてみましょう。1問目です。

図1のように、1メモリが1㎝の方眼があります。1マスの面積は1㎠です。では、この方眼を使って面積が2㎠の正方形を描いてください。

解けそうで解けない問題に、ウッとなりませんか？　それは方眼の1マスが1㎝四方の正方形のため、「正方形を描く」ことを方眼の目を使って考えてしまうため、その壁をなかな

図1　1メモリ1㎝の方眼紙

図２　２㎠の正方形

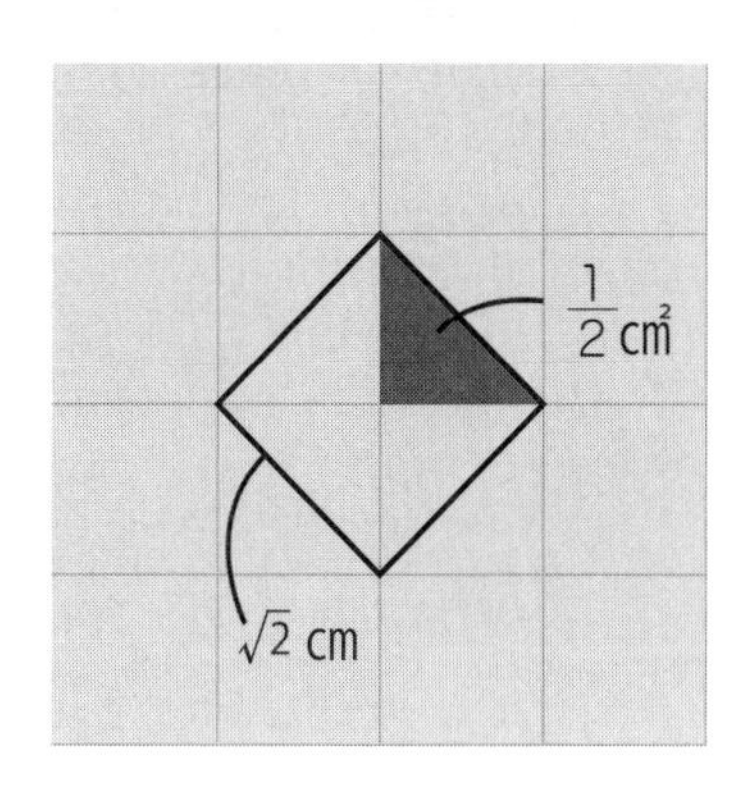

図３　３平方の定理

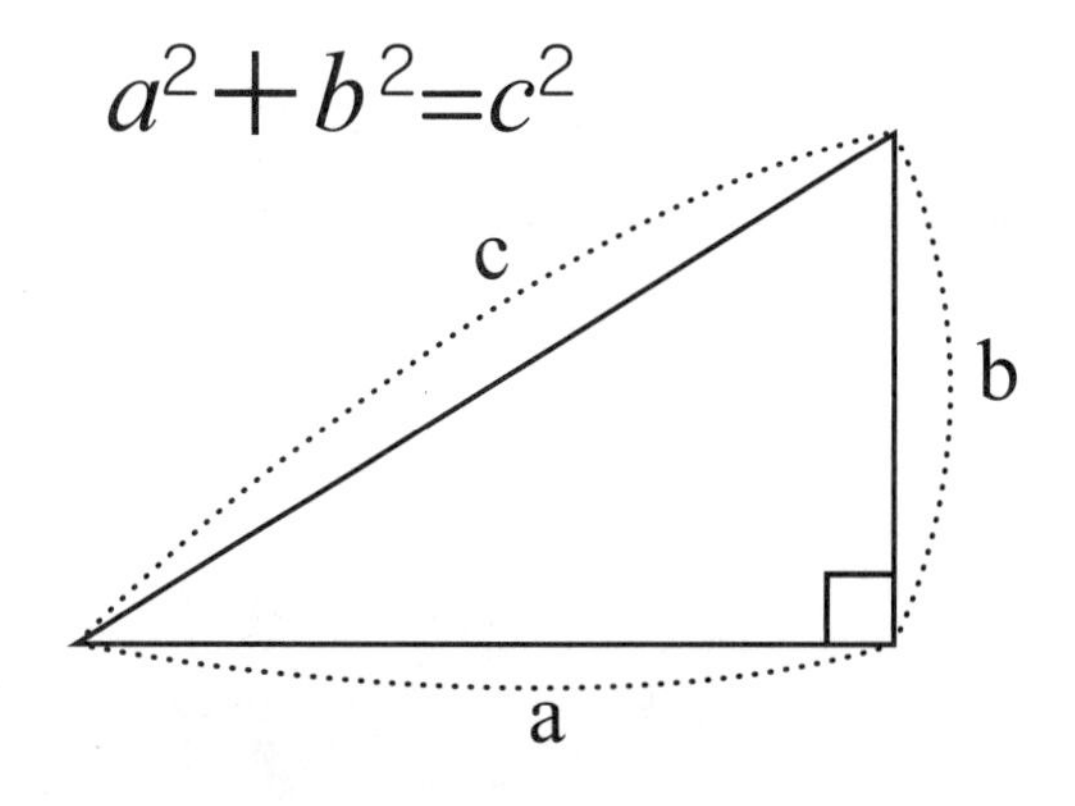

直角三角形の直角を作る２辺 ***a*** と ***b***
それぞれの２乗の和は、
斜辺の２乗と等しい

か越えられないのです。２マスを使えば面積は２㎠だけど長方形になってしまう。そこで思考が止まってしまいます。

しかし、この問題を小学生に見せるとあることがひらめいて解くことができるのです。それは方眼の正方形を対角線で半分にすれば三角形になるということに気づくひらめきです。その三角形がマス目の対角線を１つの辺とする正方形を図２のように描くことができるのです。最初の正方形の半分の面積の三角形が４つなので、面積は２㎠であることも説明できます。

小学生たちのひらめきには、実は数学的な図形の理論が隠されています。それは**「三平方の定理」**です（図３）。

方眼に対角線を引いてできたのは直角二等辺三角形です。３辺の比率は「$1:1:\sqrt{2}$」なので、１マスの正方形の対角線は$\sqrt{2}$㎝です。そして、この対角線を使った正方形の面積は「$\sqrt{2}$㎝×$\sqrt{2}$㎝＝２㎠」となるのです。

では、頭の体操を続けましょう。２問目です。

同じ方眼紙に、面積が5㎠の正方形を描いてください。

1問目の経験から「正方形の1辺は、2乗して5になる$\sqrt{5}$」がヒントだと気づけば、数学的なひらめきのコツをつかんだといえるでしょう。では$\sqrt{5}$はどこにあるのでしょうか？　三平方の定理も再確認して探します。

答えは、図4のように方眼2マスの対角線が1対2対$\sqrt{5}$の直角三角形の辺として求めることができます。2マスずつの対角線を結ぶことで面積5㎠の正方形が描けました。

こちらも$\sqrt{}$を使わずに面積のイメージだけで考えることもできます。まず1㎠のマス目5つを使い図5のような十字を作ります。面積は5㎠です。次に図のように並ぶ2マス分の長方形の対角線を引くことでできる三角形を移動させると面積5㎠の正方形が描けます。

数学的ひらめきは、三平方の定理を使って、論理的な解決を見出すことができます。イメージは、論理的思考とは異なる頭の働きを刺激することも期待できます。どちらも数学的な頭の体操の効果といえるでしょう。

図４　５㎠の正方形

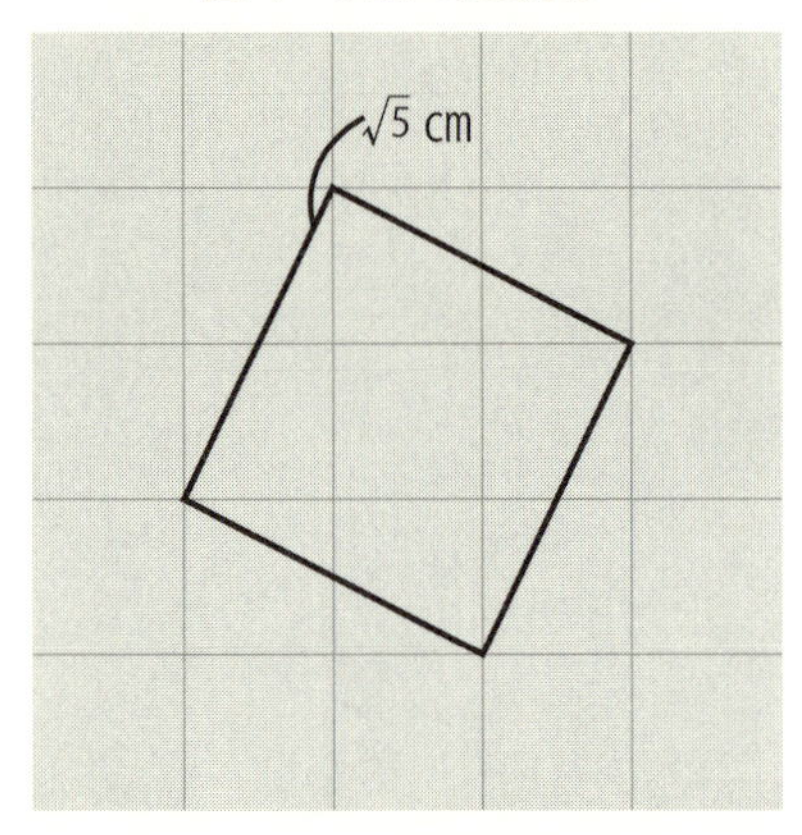

図５　５㎠の正方形の作り方

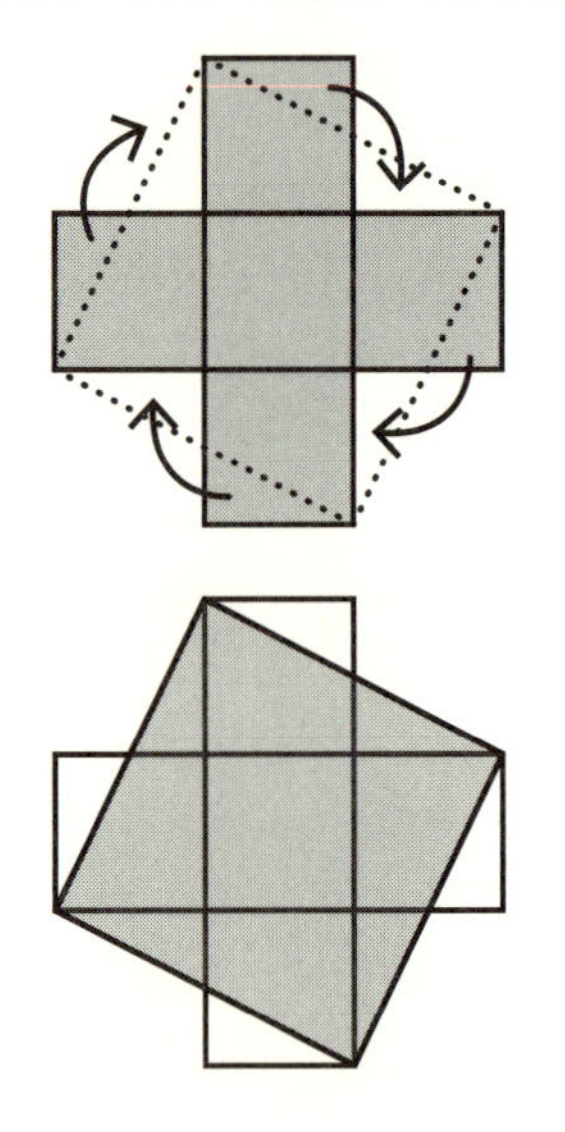

明日、誰かに問題を出したくなる

古代ギリシアの数学者を悩ませた作図問題が、折り紙で解けた？

小学校の算数の授業を思い出してください。図形の勉強の時には、定規とコンパス、時には分度器も使って図を正確に描く訓練を重ねたはずです。古代ギリシアの数学者たちがその姿を見たら感心することでしょう。小学生たちが使う分度器の便利さに。

古代ギリシアの数学者たちは「作図の三大問題」を抱えていました。作図ツールがコンパスや定規くらいしかなかった時代、次の３つの作図が定規とコンパスによって可能かが議論されていたのです。

与えられた立方体の体積の2倍に等しい体積をもつ立方体を作ること（立方体倍積問題）

与えられた円と等しい面積をもつ正方形を作ること（円積問題）

与えられた角を三等分すること（角の三等分問題）

現代では、いずれも「定規とコンパス」だけでは作図は不可能であることが証明されています。しかし「角の三等分問題」は、定規とコンパスを使わずに、「折り紙」で作図することができるのです。手元に紙を用意して、実際にやってみましょう（次ページ）。

古代ギリシアの数学者が悩んでいたのは紀元前のこと。「定規とコンパス」だけで作図は不可能なことが証明されたのは1837年。この折り紙による「角の三等分問題」が証明されたのは1980年でした。証明した阿部恒（あべひさし）氏は、元日本折紙協会事務局長です。

なんと、その後、「作図の三大問題」の「立方体倍積問題」についても、折り紙で作図が可能であると証明しました。

古代ギリシアの数学者たちが知ったら、悔しがったかもしれません。

角の三等分問題を折り紙で解く方法

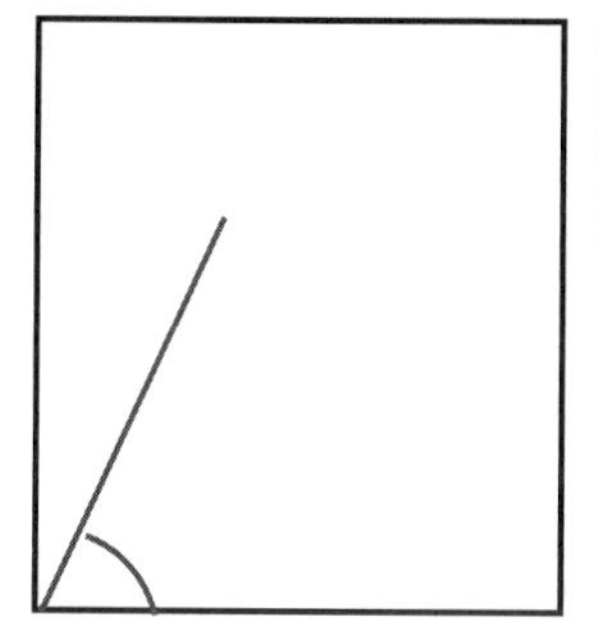

①折り紙の一辺を底辺にした任意の角度を描く（この角を３等分します）

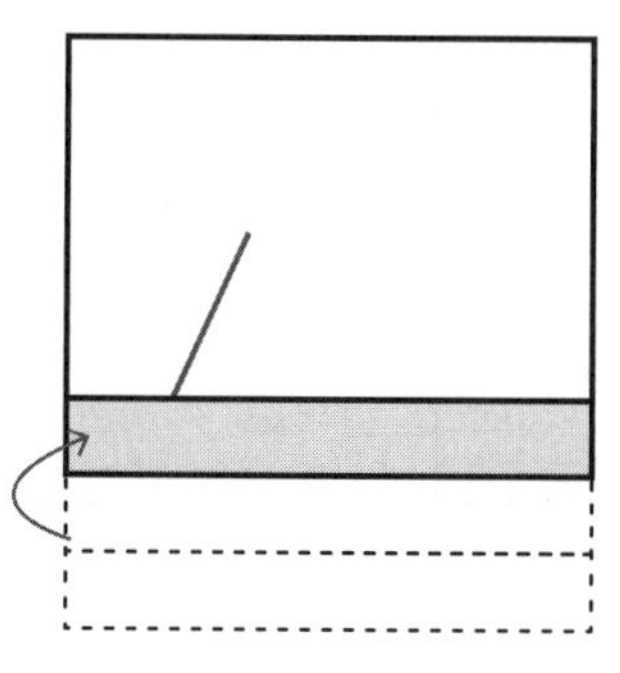

②折り紙の底辺から任意の幅で２回折る

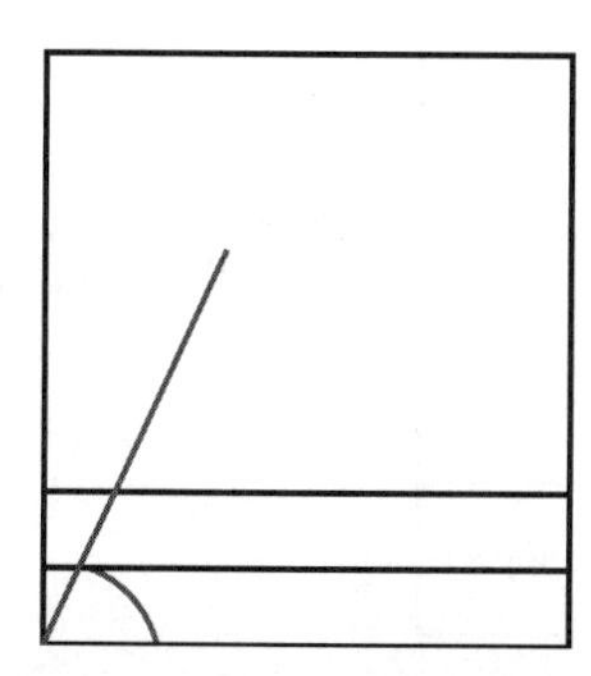

③この同じ幅の折り目に線を引く

つづく

角の三等分問題を折り紙で解く方法（続き）

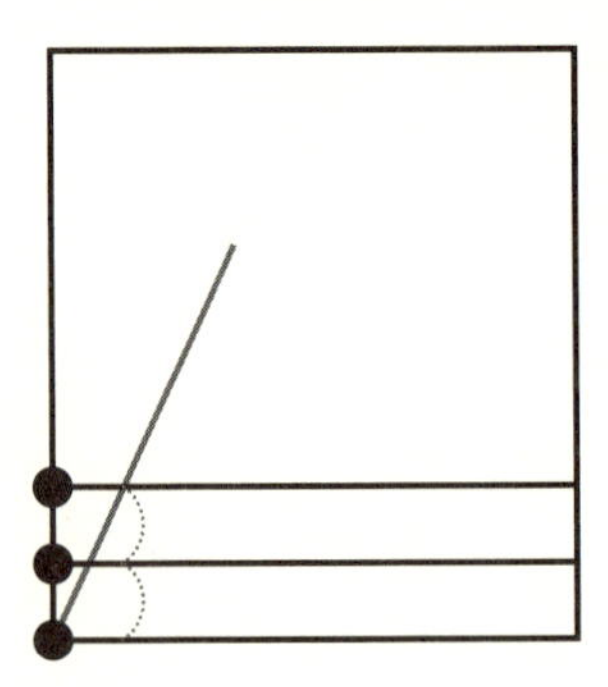

④折り紙の端に③の折り目と角の中心の印を付ける

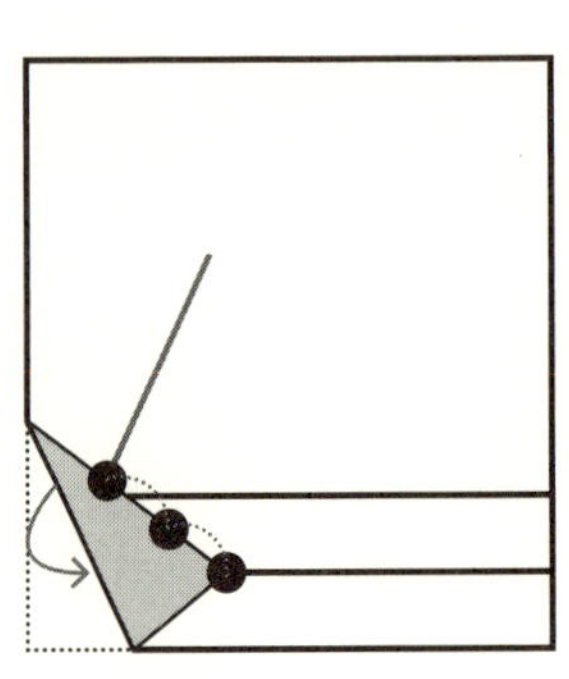

⑤角の中心を１つ目の折り目、２つ目の折り目の端を同線上にくるように折り、紙の端がきた線上に印を付ける

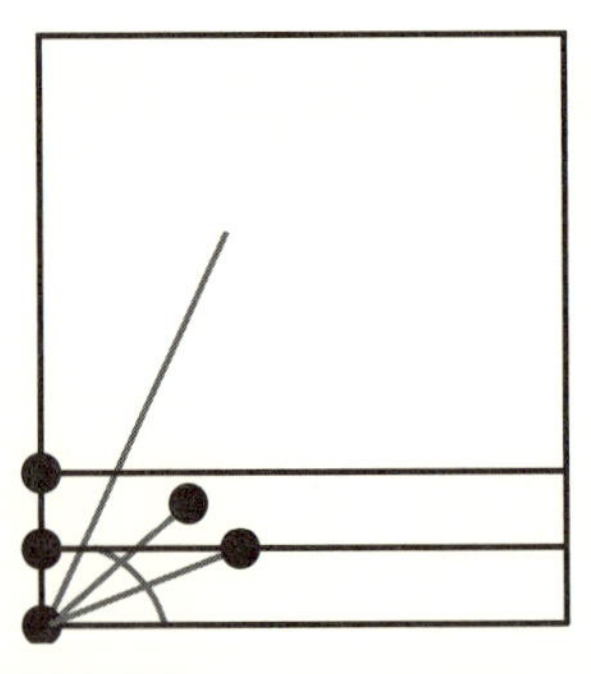

⑥角の中心から⑤の印とを結んだ線を引く。これが元の角を３等分する線となる

「折り紙」で曲線を折れる？

宇宙まで飛んだ日本の折り紙

2010年5月21日。種子島宇宙センターから打ち上げられたH2Aロケットには、世界初の「宇宙ヨット」である「IKAROS（イカロス）」が搭載されていました。正式には「小型ソーラー電力セイル実証機」と呼ばれ、宇宙空間で1辺が14mもの四角い「帆」を張り、そこに取り付けられた太陽電池を動力にした推進力を得ることができます。実証実験は見事に成功しましたが、「帆」の開発には課題がありました。この巨大な帆を、1.6m×0.8mの小型の機体にどのように組み込むか、そのための方法です。

帆は束ねて機体に巻き付け、それを宇宙空間では帆の四隅に取り付けた重りの遠心力で開きます。開発者が悩んだのは、帆をどう折りたたむかです。

その課題を解決したのが、日本の伝統文化である「折り紙」でした。さまざまな折り方を設計しては、検証がくり返されました。

小型ソーラー電力セイル実証機「IKAROS」

写真提供：JAXA

現在、研究開発が進み、紙のように薄く強い素材を用いた製品開発が各分野で検討されています。そこでも折り紙の手法や発想が活かされています。

筑波大学の三谷純教授は、コンピュータグラフィックス分野における形状モデリングの研究に取り組んでいます。その研究の一環として行っている「幾何学×折り紙」の取り組みは、僕を夢中にさせる魅力に満ちたものです。独自開発のソフトウェアで複雑な立体の展開図を生成するのですが、そこに折り紙のルールが用いられています。「1枚の紙で完成する」「紙を切らない」「貼り合わせない」など、私たちがやる折り紙そのものです。しかしそこから生み出される形状は、1枚の紙からは想像したこともない形状ばかりです（次ページ）。

現在、数学の分野では研究者の発想と、コンピューターの計算の融合が急速に進んでいます。しかしこれは、何も専門分野の研究だけのことではありません。小学校でも、新しい教育指導要領により「プログラミング教育」が始まりました。一般的に、「ロボットなどのプログラムを組む」と思われていますが、対象となる科目は算数や理科だけではありません。国語でも社会でもいいのです。学習の意図は、世の中の仕組みや便利さの裏側には「プログラム」が存在することを理解し、その開発そのものではなく、どのような分野のどの課題にどんな「仕組み」が必要かを考える能力を学ぶのが「プログラミング教育」の目的です。

そうした視点には、もちろん本書で伝えたい数学的な視点やおもしろさの理解に加え、折り紙でイメージを具現化する発想力も大切です。豊かな感性とコンピューターが結び付くことで、より良い社会の課題解決の実現が期待されているのです。

折り紙でできた複雑な立体とその展開図
（三谷純教授より）

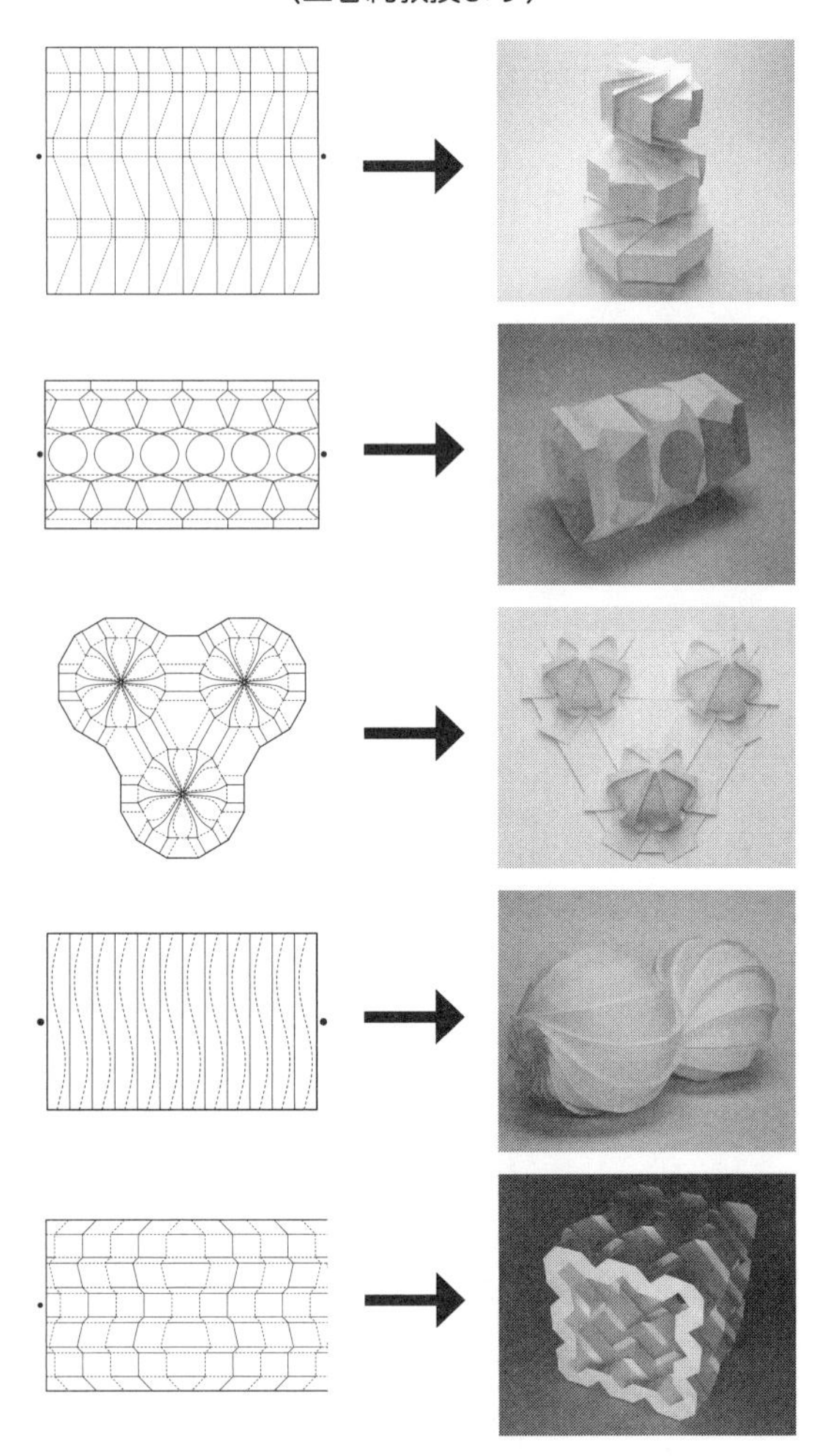

第Ⅵ章

考え出すとハマる数学

生物を「公倍数」で解き明かす

13年と17年周期で大量発生するセミの数学的な生存戦略

▼なぜ、1日が24時間で、1時間が60分？

便利さや自然の営みの裏側に、数同士の巡り合わせが隠れている場合があります。

私たちは1日を24時間、または12時間をまとまりとしてとらえ、「1時間」を1つの区切りに生活サイクルを作っています。これは1日＝地球の自転1回が、1年の間＝太陽の周りを公転する1周に、月が満月になる回数が12回（または13回）であることから暦が作成されたことによるとされています。

日常生活は、0、1、2、3…9の、10を基本とする**「10進法」**を用いながら、一方で、1年12か月、1日24時間という**「12進法」**を私たちは違和感なく併用しています。ところが、12進法の時間は1時間を60分で分けています。これはなぜでしょうか？

これには、10と12のサイクルが共存できる数として、「60」が1時間を分割するのにちょうどよかったのではないかという説があります。なぜ、60かというと、10と12の**「最小公倍数」**になっているためです。**最小公倍数とは、2つ以上の数のそれぞれの倍数のなかで一致する最初の数**を差します。実際に、10と12の倍数を見てみましょう（下より）。

異なる数字が、倍数という長い流れの中で交差することで、互いの性質の相乗効果をもたらしたのが「1日24時間、1時間60分」という私たちの時間感覚です。

▼公倍数を生存戦略に利用している生物とは？

自然界では、この公倍数を上手く使って、生き残った生き物がいます。それは昆虫のセミです。

米国各地では、13年の周期と17年の周期にセミが大量発生する現象が起きています。当然、数が多いので、多くの繁殖が行われ、その子孫がまた13年後、17年後に大量発生するのです。そのため「周期ゼミ」と呼ばれています。

10の倍数：10　20　30　40　50　**60**　70
80　90　100　110　120…

12の倍数：12　24　36　48　**60**　72　84
96　108　120　132　144…

なぜ、この2つのサイクルだけセミは大量発生しているのでしょうか。その解明に取り組んだ日本の生物学者、吉村仁（よしむらじん）教授による学説が話題となりました。教授は13と17という数に注目しました。この2つの数は「素数」（1とその数だけしか割り切れない数）で、教授は13と17の公倍数と考えたのです。13年周期と17周期のセミが生き残ったのには、他の周期との公倍数を「避ける」ことができたからという説です。

かつて、セミは1年、2年、3年など、さまざまな周期で羽化する種がいたと考えられます。同じ公倍数を持つ種のセミは、周期がぶつかると他のときよりも激しい生存競争に巻き込まれ繁殖の機会を失います。どのように周期がぶつかるかを見てみましょう。○印は各周期ゼミが羽化する年です（図）。

他の周期ゼミ同士が公倍数の一致をくり返す中、13年周期と17年周期のセミは、1年周期のセミと13年（17年）周期のセミしか出会いません。さらに異常気象で繁殖できない状況が数年続いた場合、毎年繁殖期を迎える1年周期のセミは生き残れませんが、地中に長くとどまっていた他の周期ゼミは生き残れます。このように異なる周期ゼミ同士の公倍数の戦いと自然の環境変化をやり過ごす幸運を、13年と17年の周期ゼミは獲得できたと考えられています。さらに13と17の最

図　各周期のセミが羽化する年

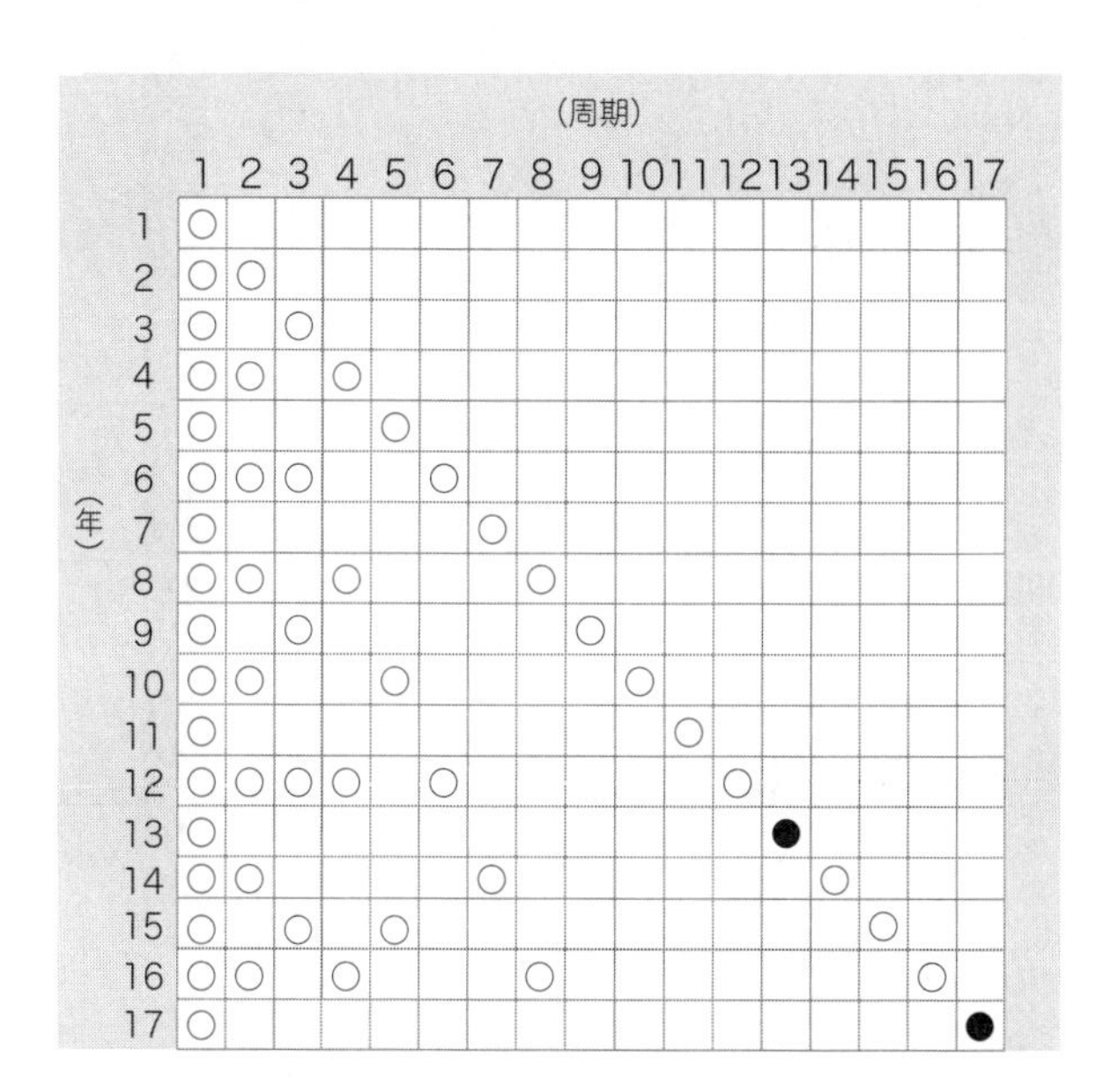

小公倍数は「221」なのです。両者が同じ年に羽化する機会はとても少ないのです。

米国の周期ゼミは、同じ年に全米でセミが発生するわけではなく、地域によって差があります。2016年はオハイオ州やペンシルベニア州などで17年ゼミが大発生しました。その数は、数十億匹にも及んだといいます。2004年にニューヨーク付近で大発生した周期ゼミは、次は2021年といわれています。

人類がマネしたくなるほどすごい「ハニカム構造」

複雑そうに見えて、実は超効率的なハチの巣

人間が三角形の性質を巧みに使って頑丈な建築物を造るように、自然界にも数学的な図形センスを感じさせる生き物がいます。今回は、ハチ、とりわけミツバチを紹介します。

ミツバチの巣はきれいな六角形を基本に作られています。養蜂農場でのハチミツ採取のシーンをテレビなどで見る機会があり、同じ大きさの六角形（六角柱）が整然とビッシリ並んでいるのを見たことがあるでしょう。では、なぜミツバチの巣は、六角形なのでしょうか？

幼虫の育児室なら丸（円柱）でも良さそうなものですが、同一面積に円を並べると部屋と部屋にすき間ができてしまいます（図1）。それでは、

図1 ハチの巣が、丸だったら…

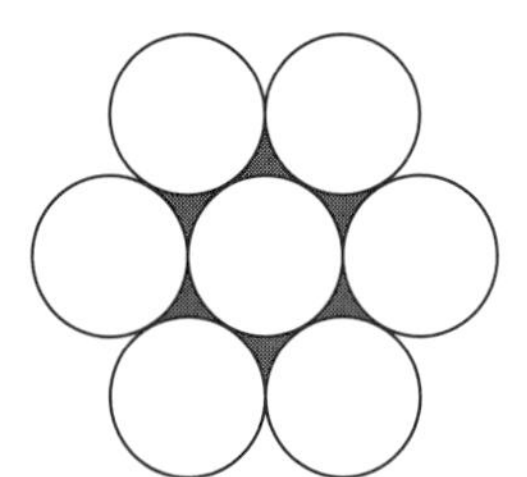

スペース的にムダなのと、巣作りの素材（蜜蝋）もムダに消費してしまうのです。

ハチの巣のように、**平面を同一図形ですき間なくしきつめることを「平面充填」**といいます。平面充填に適した図形は、正多角形（辺の長さがみんな等しく、角の大きさもみんな等しい多角形）では、正三角形、正方形、正六角形の3つのみです。

ハチが正六角形を採用したのは、三角形では部屋が狭くなり、四角形では頑丈さが十分ではないためです。ハチの家族、全員が住む集合住宅が頑丈なつくりで、部屋一つひとつが幼虫でもほどよく動ける広さをかね備えています。この**正六角柱を平面充填した構造体を「ハニカム構造」**と呼んでいます。ミツバチ（ハニー）に由来する名称です。

好条件ではあるものの、このような複雑な構造物を作るのは大変じゃないのかな？　と、思うのですが、僕は、ミツバチの数学的センスを見つけました。

ここからは僕の仮説ですが、ミツバチはスタート地点から2方向へ壁を作ります。その角度は六角形の内

図２　ミツバチの超効率的な巣作り

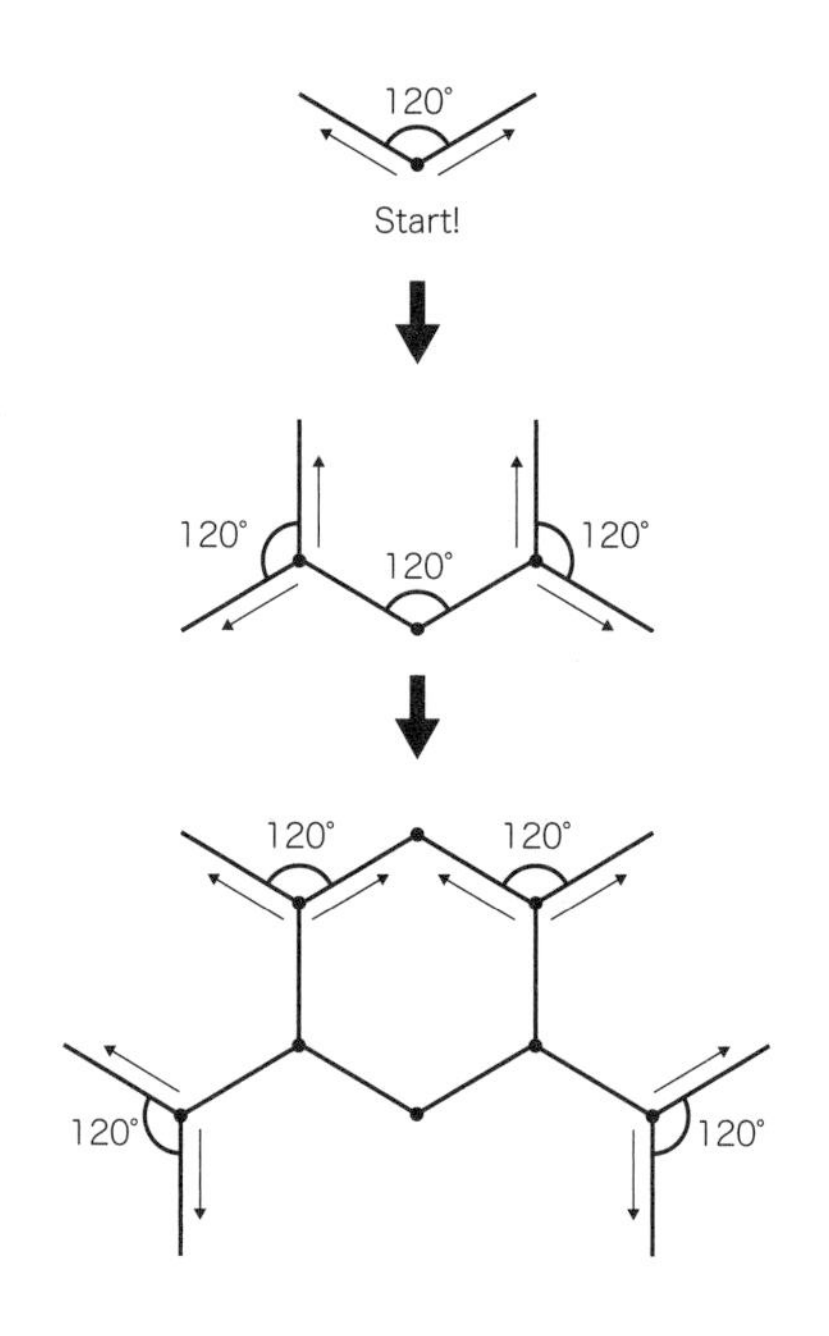

角１２０度です。一定の長さの壁ができたら、そこを新たな基点に１２０度の壁２枚を作る。１匹のミツバチはこれをくり返しているので六角形を作ろうとは意識していない。この２辺とその間の１つの角度さえ正しくとらえて作っていくことで、同様の作業をくり返す他のミツバチの壁とつながり（図２）、その連鎖により効率的に巣を作り上げることができるのです。

暇があれば「フラクタル」を描いてます

引き込まれる美しい形「フラクタル」がスーパーで売られていた？

本書をここまで読んだことで、数学的な気づきや思考のきっかけは、紙の上の数字と計算の中だけにあるものではないことが、だんだんとわかってきたのではないでしょうか。人を見ても、建物を見ても、そこに数学のおもしろさや美しさを見出すことができるのです。例えばスーパーの野菜売り場でも……。

図1の野菜を見たことはありますか？　これは、ヨーロッパ原産の「ロマネスコ」です。近年、日本でも栽培・流通が進んでいるようです。僕はスーパーで一目見た瞬間から強い興味を持ちました。どんな味がするのだろうと思ったわけではありません。その形状が「幾何学的に美しかった」からです。僕にとってロマネスコは食用ではなく鑑賞用の存在ですが、食べなくても脳の栄養になるすばらしい野菜といえるでしょう。

下から上に花蕾（花とつぼみ）がらせん状に連なり、全体が見事な円錐となっています。さらに表面を拡大してみましょう。一つひとつの花蕾が、全体像と同じ形状を縮小した相似なのです。さらに、花蕾をどこまで小さく観察しても全体と相似です。このような**「部分が全体と相似している」関係が連続しているものを「フラクタル構造」**と呼びます。

フラクタル構造は**「自己相似性」**ともいい、「大きくても小さくても同じ図形」のことです。

フラクタル……、1度は使ってみたくなる言葉です。「この絵画にはフラクタルが取り入れられているね」とか、シダの葉を手にして「こうしたありふれた自然の中にもフラクタルの美が隠れている」とか。「エッシャー　相似性」のワードで画像検索をすると、画家のエッシャーによる幾何学的な見事な作品を見つけることができるでしょう。

そうした画家の才能に及ばなくても、誰でもフラクタル構造の美を使った絵を描くことができます。ひとつ紹介します（図2）。

このように、三角形を描くことで美しい作品を完成させることができます。

この三角形の自己相似性を重ねたフラクタルは、**「シェルピンスキーのギャスケット」**と呼ば

図1　ロマネスコとその拡大

れる図形です。細かく描ければ描けるほど、延々と三角形を描き続けることができます。

僕はこれを最初の三角形から6回重ね、かかった時間は約30分。その間、無心で集中できる究極の「暇つぶし」です。しかし、その仕上がりには達成感と誰かに自慢したくなる完成度があります。

図2　フラクタル構造の描き方

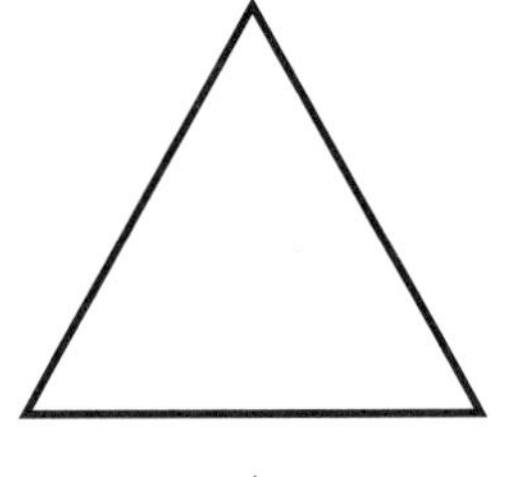

①大きな三角形を描く

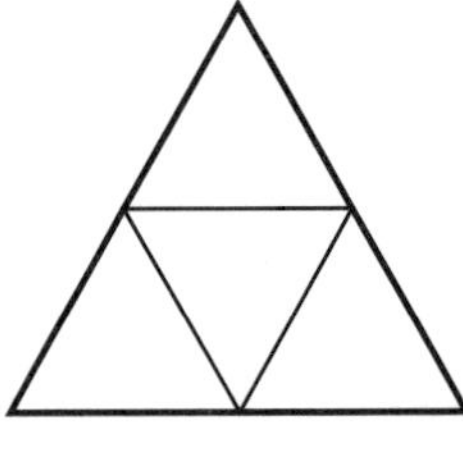

②その中に３つの正三角形を描く

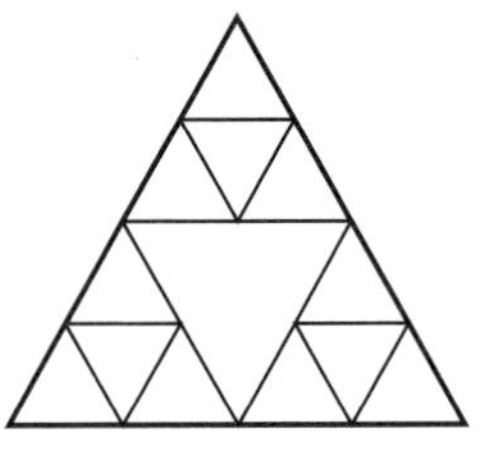

③各三角形の中に逆向きに三角形を描いていく

④③をくり返し描いていく

電卓も、そろばんもない、昔の人の気持ちになってみてください

Ⅳ、Ⅻ、Ⅷ……、パッとわかりにくいローマ数字が生まれたワケ

SNSで漫画『黒執事』のコミックスを並べるのが大変だという話題が盛り上がったことがあります。巻数がローマ数字になっているというのです。19世紀の英国を舞台とした『黒執事』の世界観が、ローマ数字にも表されているのですね。確かに4と6あたりから迷います。このようにパッと見て判断がつきにくいローマ数字は、どこで、なぜ生まれたのでしょうか。

ローマ数字は、日常的な数をかぞえるために使われてたと考えられています。例えば、羊の数を数えるときに、木に1匹、2匹と数を刻みながら5を区切りとして「V」としました。その前のカウントが「Ⅳ」、次のカウントが「Ⅵ」となったのです（図）。10の区切りを「X」と刻み、前の刻みと合

アラビア数字：	1	2	3	4	5	6	7	8
ローマ数字：	Ⅰ	Ⅱ	Ⅲ	Ⅳ	Ⅴ	Ⅵ	Ⅶ	Ⅷ
	9	10	11	12	13	14	15	16
	Ⅸ	Ⅹ	Ⅺ	Ⅻ	XIII	XIV	XV	XVI

わせて「Ⅸ＝9」、次の刻みと合わせて「Ⅺ＝11」とするのも同じです。

こうしたカウントし刻み込んだ記録をそのまま数字化することはさまざまな文明に共通しています。そして、大きな数の表記に困るため、文字を併用することも共通です。ローマ数字では、50に「L」、100に「C」、500に「D」、1000を「M」で表記しました。

しかし、この記号の使い方には、漢字の万や百とは違った表記のルールがあります。例えば「942」であれば、漢字のように「九百四十二」と位取りの文字として「ⅨCⅣXⅡ」となるならわかりますが、下のように大きな数字から引いた残りを並べて書きます。

さて、『黒執事』のコミックスは、2020年7月現在29巻とのこと。39巻あたりから要注意です。

アラビア数字：50　100　500　1000
ローマ数字：　L　　C　　D　　M

942＝900＋40＋2
　＝(−100＋1000)＋(−10＋50)＋2
　＝CM＋XL＋Ⅱ
　＝CMXLⅡ

コミックス『黒執事』の背表紙

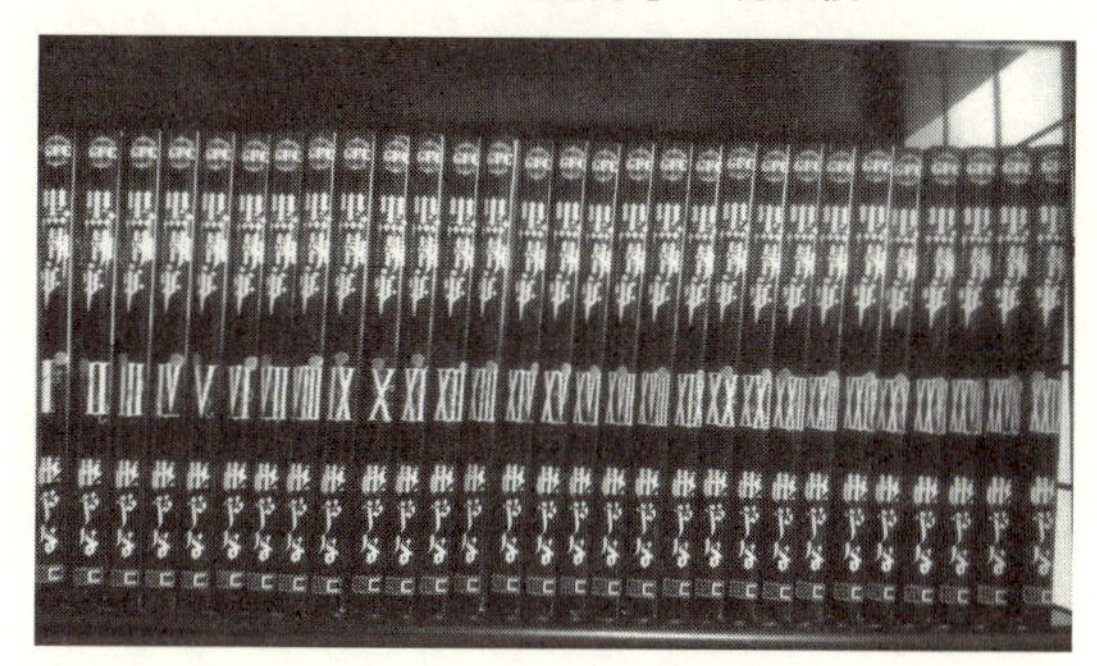

図　木に刻またローマ数字

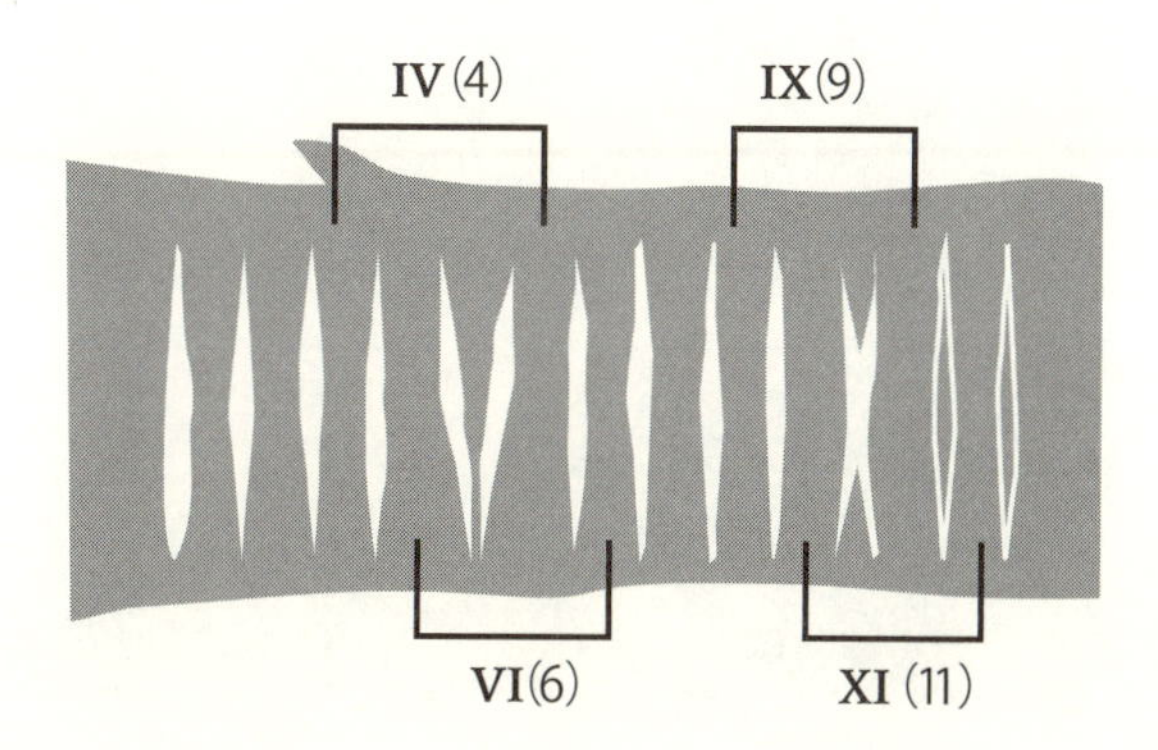

29 → XXIX　39 → XXXIX
40 → XL　41 → XLI

このローマ数字が「わかりにくいなあ」と感じたのは、現代日本の漫画読者だけではありません。12から13世紀、中世イタリアの数学者レオナルド・フィボナッチも、そのひとりです。

フィボナッチは「中世で最も才能があった数学者」と評されるほどの人物です。父親の仕事の関係でアラブ地域に行ったフィボナッチは、アラビア数字やこの地域での数学に魅了され、エジプト、シリアといくつかの国で数学を学びました。

フィボナッチの著書『算盤の書』の中でアラビア数字のシステムを紹介。これを機に、ローマ数字がアラビア数字に置き換わっていったのです。なぜなら、ローマ数字には「0」を表す表記がなく、前述のルールだけでは4000以上の値を表現できなかったからです。また、実際にローマ数字を使って計算してみるとわかりますが、計算に時間がかかるし、繰り上がり、繰り下がりなどの複雑な計算も大変です。

「面倒くさくて不便」が、ローマ数字からアラビア数字へと交代する理由だったのです。

もしも、「0」がなかったら……

「何もない」を表した「0」が、思った以上に大発明だった

▼0が計算で役に立つ？

「0」が数学の大発明と聞いたことがあるでしょうか？　0のおかげで「何もない、数えられない状態」を表現することができました。例えば、リンゴが0個、水が残り0ℓなど、見えないものを頭の中で考えられるようになったのです。

今回は、さらに「0のすごい」を紹介します。

私たちは、「803」という数字から「210」を引くことを、各位ごとで計算することができます。3ケタの数字を並べて表記することによって、百の位、十の位、一の位それぞれに計算ができ、筆算の要領で答えが出せるのです。

しかし、例えば漢数字の計算はどうでしょうか。「八百三引く、二百十」。一気に難しい計算に見えませんか？　このように「空位の0」がもうひとつの「0の発明」なのです。

0はどのように生まれたのでしょうか。0の歴史を紹介します。

インドで位取りのルールによって数字が表記されている、見つかっている中で最古の記録は、563年の銅板に記されているものが最初のようです。その記録の年を当時の暦（セディ暦）では「346」と刻まれています。その後、8世紀から9世紀のものとされる銅板の記録に、位取りに数字がないことを小さな丸印で表記したものが現れます。これは記述用の記号のようです。

インドでも数字を読む際は、万・千・百・十のような1ケタごとの名称があり、記述用にそれが省略されても空位を表す記号としての丸印が用いられていたのです。この「空位を表す記号」がインドにおける0の始まりです。

私たちが理解している0の発明は、6世紀から7世紀に体系化された考えのようです。インドでは記録のための位取り数字を計算に使用するようになり、「空位の丸印」は「数字の0」にもなったのです。7世紀前半の天文学書に書かれた数学に関する記述の中に、現代風にいえば「ある値から同じ値を引いたものを0」とする演算のルールが書かれていたのです。

インドで生まれた「空位」と「何もない」を表記できる丸印は西へと広がり、アラビア数字の0になったと考えられています。

▼日本の0はちょっと違う？

しかし、日本は違いました。それは、「0」の他に、「レイ」とも「ゼロ」とも読む「零」です。漢字の「零」は、中国の11から13世紀に編纂された漢字事典に記載があり、「少ない雨」を意味していました。4世紀頃の算術書では「あまり」として使われていたようです。今でも日常的に「零細」と使うように「少ない」「わずか」を意味する字で「0＝ない」ではない使われ方もしているのです。

「零がゼロではない」という意味合いは、日常的によく見かけます。例えば、降水確率「0％（レイ％）」は10％未満の数値が四捨五入され「ゼロではない」を表しています。そうした「わずか」を意識すると「レイから始める」とはいわず「ゼロから始める」というのは合点がいきます。

最後に、人が「ゼロの概念」をどのように理解しているかについて。「ゼロの概念」は、かなり早い段階で芽生えます。例えば、3歳の子どもにお菓子が数個あり、ぜんぶ食べていいよというと最初は喜んでいますが、3個、2個となると顔を曇らせ、最後の1個を前に泣き出す子がいます。

ずっと食べていたいのに、この1個を食べたら、なくなって終わってしまうことがわかるからです。日常では、「何かが増えていく」ことよりも「減っていく」経験の方が多いものです。そして「なくなってしまう＝0」は、人間にとってとても怖いものと本能で感じているのかもしれません。

お菓子を食べてにこやかな子どもが泣くとき、その子は「0」を発見しているのです。

納得する？ ひっかかる？

「0・333……」を3倍すると、「0・999……」ではなく1になる？

本書の最後にひとつテストをしてみましょう。それは、数学を「おもしろい」と思うか、「ずるい」と思うかです。

①0・999……と無限に9が続く数字は「1」と同じである

どう思いますか？　1と0.9はイコールではないように、いくら9が続いてもそれが1にはならない、と考えた人も多いでしょう。そう考えた理由は何でしょう？　そこには「0・000……1」というごくわずかな差があるから、と考えたのではないでしょうか。

では、もうひとつ。

②「1÷3」は0・333……と無限に3が続き、割り切れない

これはどうでしょう？　「もちろんそう」「異論はない」そう考えたはずです。

では、この無限に3が続く「0・333……」についてです。

③無限に3が続く0・333……の3倍は無限に9が続く0・999……である

これも同意いただけそうですね。では最後の質問。

④「1÷3」をした無限に3の続く0・333……を「3倍」した無限に9が続く0・999……は「1」である

どうでしょうか？　下の式のようになります。

9が無限に続く数をイメージすると、そこに「1」との差「0・000……1」という無限に小さい数をイメージしてしまいます。そしてその境目を超えられない。でも数学者はそこを躊躇（ちゅうちょ）なく飛び越えてしまうのです。

「それは、ずるい」「数学だから明確にしないと」と思うことでしょう。でもそこに、数学的思考の本質があるのです。そしてそれは、言葉にこだわる人にも楽しめる要素がたくさんある思考だと僕は思っています。

もっと知ってみたくなりませんか？

$$
\begin{aligned}
1 \div 3 &= 0.333\cdots\cdots \\
1 \div 3 \times 3 &= 0.333\cdots\cdots \times 3 \\
1 &= 0.999\cdots\cdots
\end{aligned}
$$

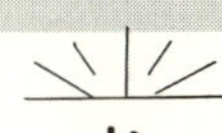

おわりに　〜数学にハマると人生が変わる〜

ここまで本書を読んでいただいて、数学の見方が変わったでしょうか。

納得と感動した項目がありましたら、今度はそれを深掘りしてみてください。

もっと深い理解につながったり、思わぬ発見に出会ったりすることでしょう。

また、それを人に話してみてください。きっと、その納得と感動は人に伝わるものです。

そうやって、気が付いたら数学を自由自在にあやつれる人になっていきます。

実は、僕はそれで数学にハマっていきました。

もちろん、数学とどう付き合っていくか悩んだ時期もありました。

「数学の研究者」「データサイエンティスト」、そして「学校や塾の先生」……、数学を活用し仕事をする職業は色々とあります。

そのなかで僕が選択した仕事は、数学の楽しさを伝えることに特化した「数学のお兄さん」でした。

それは、数学を知ることで、「身近なことに役立つ」「コミュニケーションにも活かすことができる」「世の中の裏側まで見通せる」……、すなわち、今日より明日を楽しくする力を秘めていると考えているからです。

世の中のあらゆる所に数学が潜んでいます。

しかし、なかなかそのことを知る機会は多くはありません。

今後も、数学のおもしろい話をどんどん発信していきます。

その試みのひとつとして、Twitter（@asunokibou）でつぶやきます。よかったらのぞいてみてください。

また、「本書を読んで興味があった内容」や「より深掘りしてみたこと」、さらに「おもしろい数学を発見」したら、ぜひ、Twitterで、「#ハマる数学」とハッシュタグをつけてつぶやいてみてください。僕も読ませていただきますね。

そして、数学にハマる人が多くなるきっかけを、今度はあなたがつくってあげてください。

主な参考文献

『素数ゼミの謎』（吉村仁／文藝春秋／2005年）
『すごいぞ折り紙　入門編：折り紙の発想で幾何を楽しむ』（阿部恒／日本評論社／2012年）
『物語数学史』（小堀憲／筑摩書房／2013年）

本文デザイン・DTP・図版　リクリ・デザインワークス
本文イラスト　山下以登
編集協力　塩澤雄二
本文画像提供　Adobe Stock／フォトライブラリー

青春新書
PLAYBOOKS
人生を自由自在に活動（プレイ）する

人生の活動源として

いま要求される新しい気運は、最も現実的な生々しい時代に吐息する大衆の活力と活動源である。

文明はすべてを合理化し、自主的精神はますます衰退に瀕し、自由は奪われようとしている今日、プレイブックスに課せられた役割と必要は広く新鮮な願いとなろう。

いわゆる知識人にもとめる書物は数多く窺うまでもない。

本刊行は、在来の観念類型を打破し、謂わば現代生活の機能に即する潤滑油として、逞しい生命を吹込もうとするものである。

われわれの現状は、埃りと騒音に紛れ、雑踏に苛まれ、あくせく追われる仕事に、日々の不安は健全な精神生活を妨げる圧迫感となり、まさに現実はストレス症状を呈している。

プレイブックスは、それらすべてのうっ積を吹きとばし、自由闊達な活動力を培養し、勇気と自信を生みだす最も楽しいシリーズたらんことを、われわれは鋭意貫かんとするものである。

―創始者のことば― 小澤和一

著者紹介

横山明日希 <よこやま あすき>

math channel代表、日本お笑い数学協会副会長。2012年、早稲田大学大学院修士課程単位取得（理学修士）。数学応用数理専攻。大学在学中から、数学の楽しさを世の中に伝えるために「数学のお兄さん」として活動を開始し、これまでに全国約200か所以上で講演やイベントを実施。2017年、国立研究開発法人科学技術振興機構（JST）主催のサイエンスアゴラにおいてサイエンスアゴラ賞を受賞。著書に『笑う数学』（KADOKAWA）、『算数脳をつくる かずそろえ計算カードパズル』（幻冬舎）などがある。

読み出したら止まらない！
文系もハマる数学

2020年9月20日　第1刷
2021年11月30日　第10刷

著者　横山明日希

発行者　小澤源太郎

責任編集　株式会社プライム涌光

電話　編集部　03(3203)2850

発行所　東京都新宿区若松町12番1号 〒162-0056　株式会社青春出版社

電話　営業部　03(3207)1916　振替番号　00190-7-98602

印刷・三松堂　製本・フォーネット社

ISBN978-4-413-21170-3

青春新書
PLAYBOOKS

人生を自由自在に活動する——プレイブックス

青春新書
PLAYBOOKS

人生を自由自在に活動する——プレイブックス

健康寿命が10歳延びる
「筋トレ」ウォーキング 決定版

能勢 博

8700人のデータで科学的に
実証！ 高血圧、高血糖、関節痛、
不眠にも効く歩き方を医師が紹介

P-1164

ビジネスマナーこそ
最強の武器である

カデナ
クリエイト［編］

挨拶、名刺交換、電話・メール、接待…
仕事ができる人が身につけている
1秒！で信頼されるマナーのツボ

P-1166

ちょっとした刺激で
「物忘れ」がなくなる脳の習慣

ホームライフ
取材班［編］

「あれ、なんだっけ…？」に
驚きの効果が！

P-1165

〝隠れ酸欠〟から体を守る
横隔膜ほぐし

京谷達矢

呼吸が深くなると、免疫力は
上がる！ 横隔膜ほぐしで、
病気に負けない強い体に

P-1167